你們是誰？
訊號是你們
發出的嗎？
我們是機械人族，
由於太空船遇
意外，大家被
跳傘逃生。

U0053663

但我們與同伴
失散了，因此
一邊發出求救
訊號一邊搜索。
我們也來
幫忙吧！

基本玩法

把機械蜘蛛放在平地上啟動，它就會向前爬行！

好奇怪的
機械呢。
是嗎？我們
平時都是用
它代步啊。

直線速度測試

1 用紙摺出兩條長 50cm、高 5cm 的護欄。

中間黏貼起來

2 把護欄貼在地上或紙上，在中間留有寬約 18cm 的軌道，讓機械蜘蛛行走。

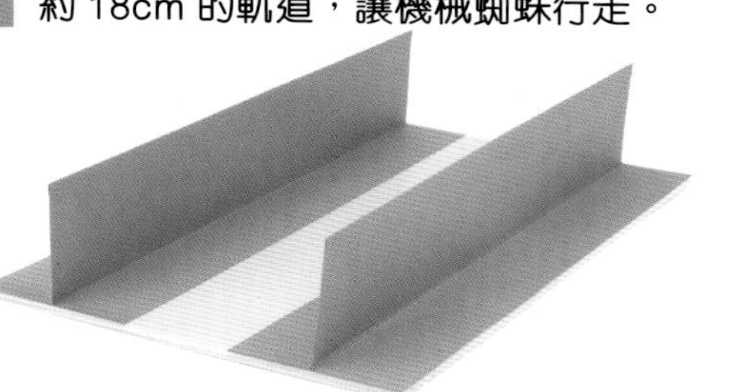

3 讓蜘蛛沿直路走到終點，也可計時看看蜘蛛走直路的速度！

$$\text{機械蜘蛛走直路的速度} = \frac{\text{直路的長度}}{\text{行走時間}}$$

到底機械蜘蛛是
如何行走的呢？
我們邊走
邊講吧！

合拍的連桿和曲柄

機械蜘蛛的摩打驅動兩邊的轉軸及其末端的曲柄，再配合連桿，就能控制機械腳以特定的方式運動。

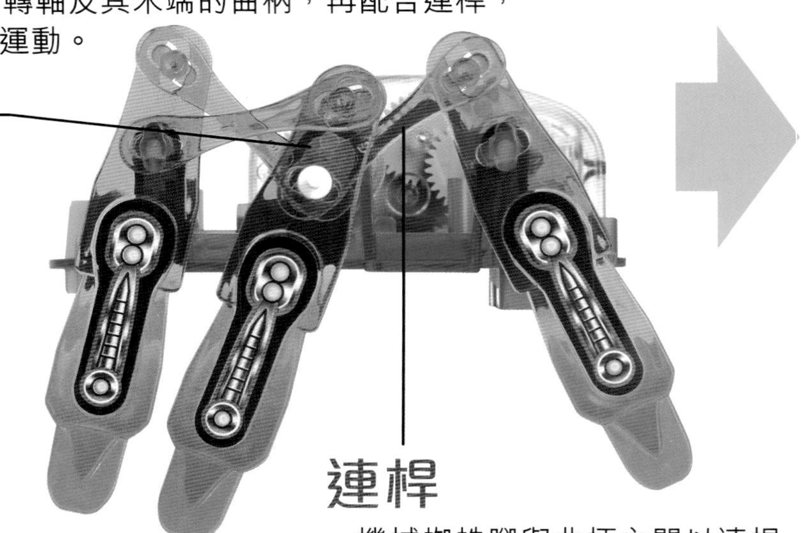

曲柄

機械蜘蛛兩邊的轉軸都有一個曲柄，將旋轉運動轉化為直線往復的運動，才能驅動機械腳。

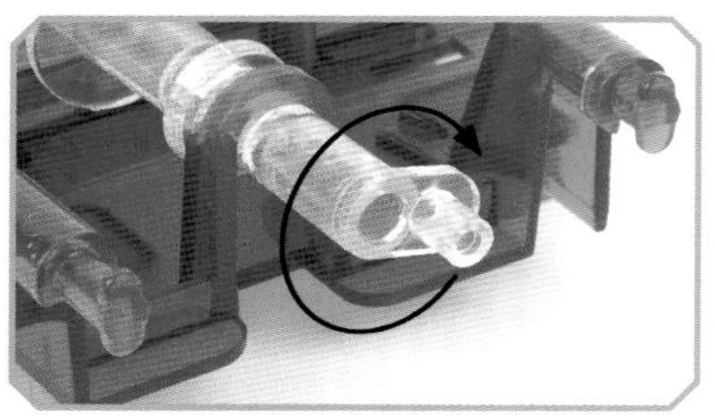

▲從轉軸延伸出來的部分就是曲柄，上面的接頭會沿着圖中的圓形軌跡轉動。

連桿

機械蜘蛛腳與曲柄之間以連桿連接。當曲柄轉動時，腳就會以固定的軌跡前後擺動。

拉物測試

咦？那是我們的貨物！

1 在機械蜘蛛底盤的後方穿上一條繩，另一端貼上一個容器。

2 在容器放上物件，測試機械蜘蛛拉動物件的能力！

這樣就可以拉着貨物繼續搜索了！

每隻腳都可視作一枝槓桿，連接轉軸的點就是力點，
接觸地面的點則是重點，剩下的一點就是支點。

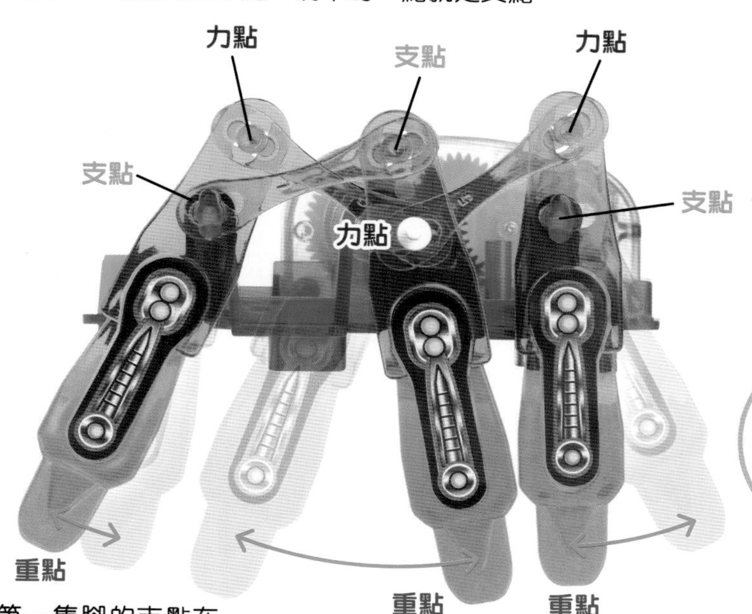

第一隻腳的支點在力點和重點中間，是第一類槓桿。

第二隻腳的力點在支點和重點中間，屬於第三類槓桿。

第三隻腳同樣是第一類槓桿。

▲蒸汽火車的車輪也是用連桿來帶動。

機械蜘蛛的腳都是費力槓桿，只要小幅度移動力點，即可令重點大幅度移動。
所以機械蜘蛛的腳毋須很長也能走動，因而可節省空間。

機械蜘蛛改裝

這樣瞎找也不是辦法，不如試試這樣？

1 剪出一張闊約10cm的長條形畫紙，繞着紙碟黏貼，造出一個紙製大鼓。

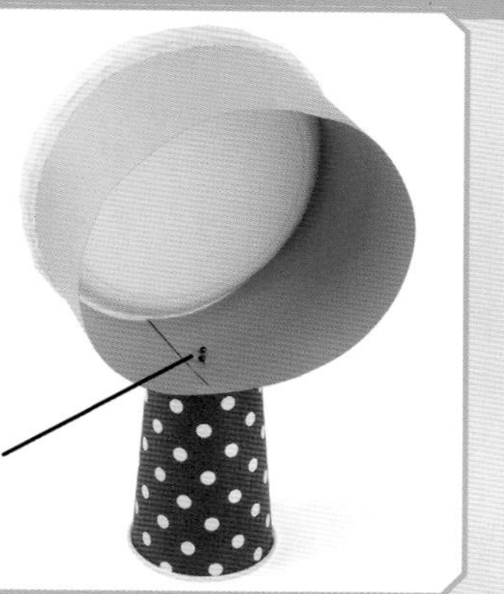

2 拔出連接釘，重裝機械腳。

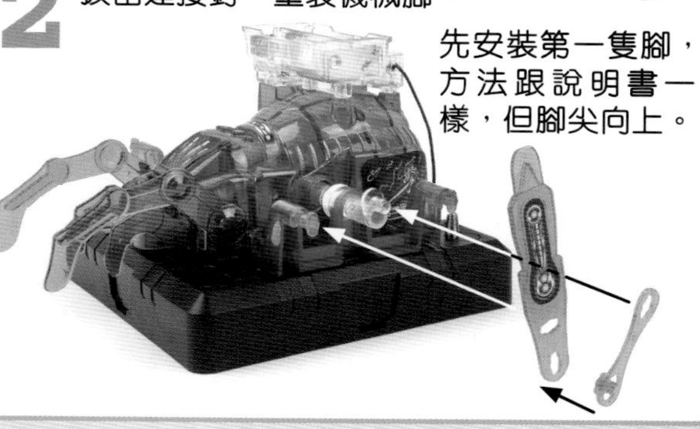

先安裝第一隻腳，方法跟說明書一樣，但腳尖向上。

3 然後安裝第三隻腳。

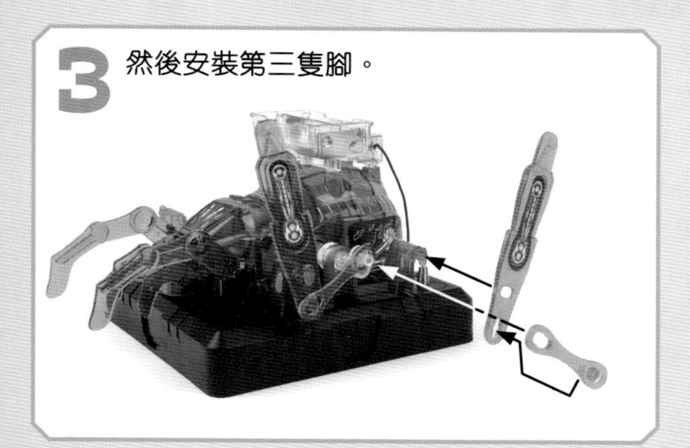

4 最後裝上中間的第二隻腳。

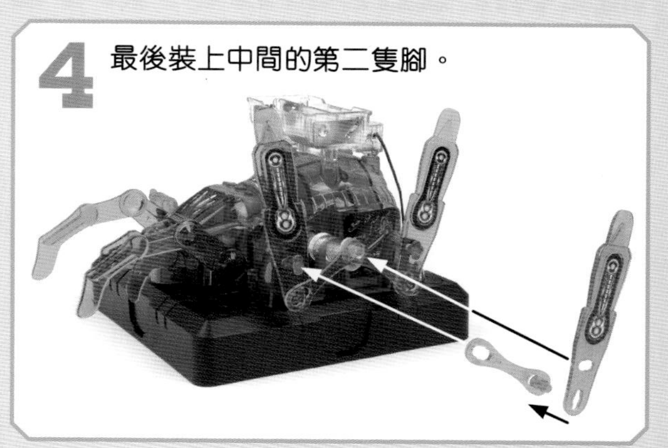

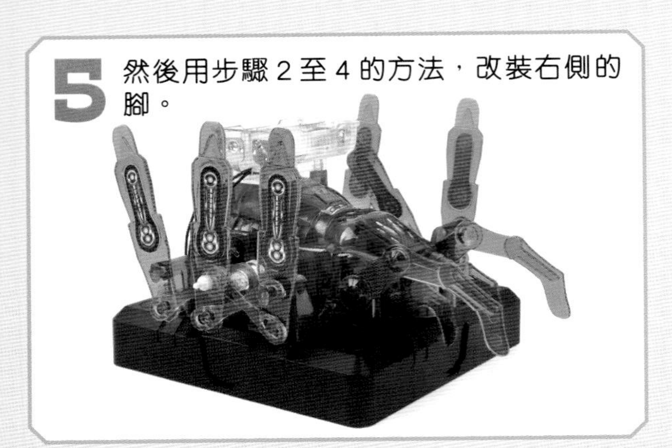

5 然後用步驟 2 至 4 的方法，改裝右側的腳。

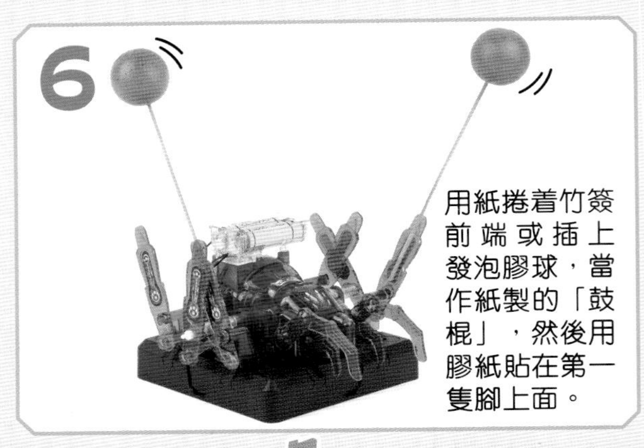

6
用紙捲着竹簽前端或插上發泡膠球，當作紙製的「鼓棍」，然後用膠紙貼在第一隻腳上面。

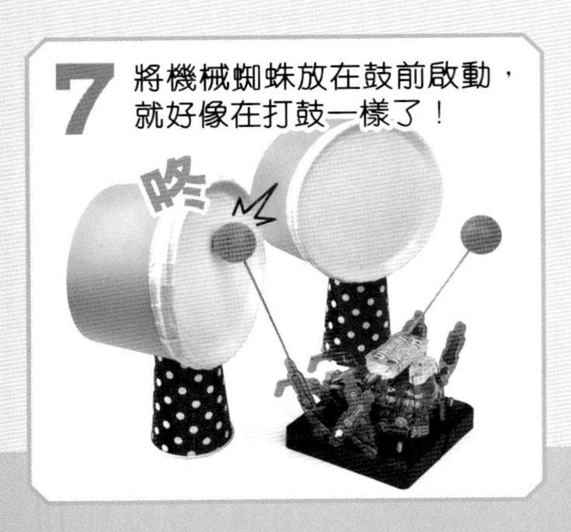

7 將機械蜘蛛放在鼓前啟動，就好像在打鼓一樣了！
咚

另一方面……
咚咚咚
是誰在打鼓？

終於找到你們了！
我們的機械蜘蛛在落地時撞壞了，須緊急維修。

又是機械蜘蛛？為甚麼你們喜歡模仿動物來製造機械人呢？

機械也跟演化有關？

因為其品質有大自然保證啊！

自最原始的生命出現後，每繁衍一代都可能出現一點變異。當中有利生存的變異會保存下來，經數十億年後發展成現在的各種生物。牠們各有其久經試煉的生存之道，正好讓人類借鏡。

人類有不少發明都是從生物得到靈感，而且並不只限於機械人，也包括日常生活中的一些發明！

生物經過演變，再經大自然「試驗」……

強

弱

淘汰

地球最早出現的生物是微生物，於 40 多億年前出現。

一些模仿生物的發明

「貓眼」

這種馬路裝置在晚上受車頭燈照射時，光線會反射到司機眼中，令他們更易看到行車線。此裝置是英國的珀西·肖（Percy Shaw）看到真正的貓眼在黑夜中發光而受到啟發，才發明出來的！

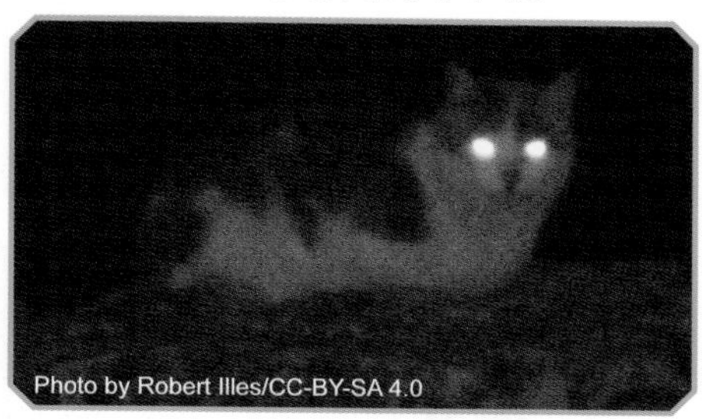

Photo by Robert Illes/CC-BY-SA 4.0

Photo by Rossographer/CC-BY-SA 2.0

魔術貼

牛蒡的果實有很多細小的倒勾，可將自己勾在動物皮膚或人們的衣物上，藉此播種。瑞士的電氣工程師喬治·梅斯卓（George de Mestral）觀察到此現象，於是利用相似的原理發明了魔術貼。

Photo by Robert Illes/CC-BY-SA 4.0

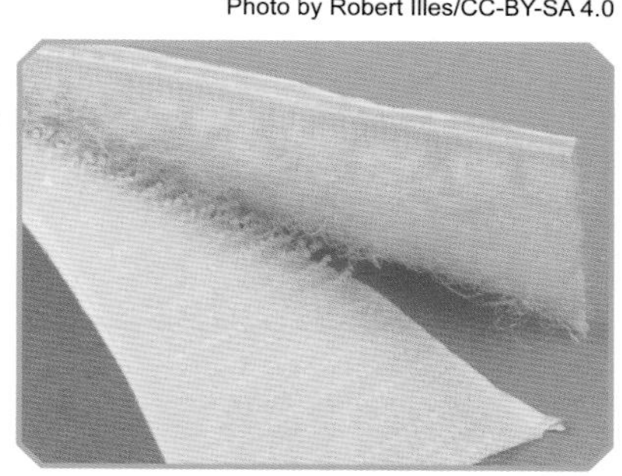

機翼

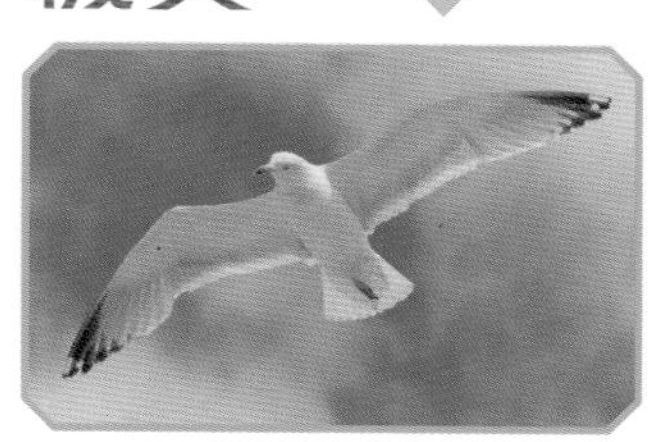

▲機翼也是模仿鳥翼而成。

子彈火車

▲高速列車的流線形車頭則模仿了翠鳥的嘴。

模仿貓舌頭的毛刷

科學家一直從大自然取得靈感。2018 年，他們參考貓的舌頭設計了一款梳。它的梳齒就像貓舌上面的倒勾，可有效梳理毛髮，而且用手指即可抹掉梳齒間的毛髮，非常方便。

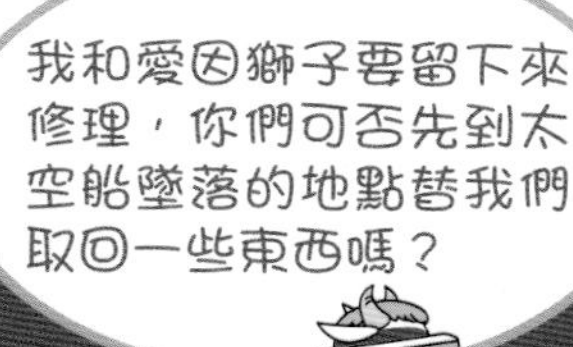

我和愛因獅子要留下來修理，你們可否先到太空船墜落的地點替我們取回一些東西嗎？
好！

他們的船好殘舊啊，
東西都生鏽塵封了。

表演用的機械蜘蛛

牠的名字是「La Princesse」，即法文的「公主」，是 2008 至 2009 年法國大型機械音樂劇團「La Machine」表演用的巨型機械蜘蛛！

◀ La Princesse 重 37 公噸，高 12 米，整體有 50 多個可活動的關節，由 10 多個人控制，更需要另外 200 多名工作人員移動它！

機械血細胞

隨着技術進步，模仿生物來製造機械的科學也逐漸成熟，因此出現專門研究仿生機械的學科。然而，仿生機械不限於「有手有腳」的機械人，就算是微小得像細胞大小的機械人，也在研究之列。

▶今年 5 月，科學家研究出一種「機械白血球」。它可以由外界的磁場引導，帶着藥物到達體內任何部位，然後釋放藥力達至治療之效。

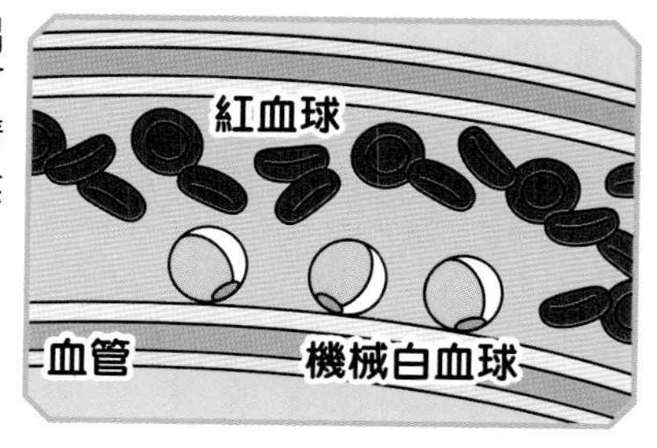

◀此外，科學家也提出研究機械紅血球，但目前仍在構想階段。

紅血球須負責攜帶氧氣及二氧化碳，其原理較複雜，因此暫未有機械替代品出現。

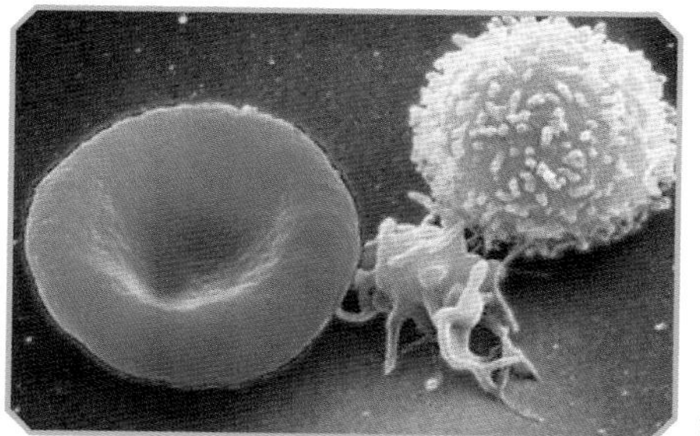

奇怪，這些都是2020年或以前的資料啊。

仿生機械的發展

有些仿生機械是身體某一部分，例如機械腳、機械翼、機械器官等，甚至有些仿生機械是模仿整隻生物呢！

機械眼

今年6月，香港科技大學的國際研究團隊利用首創的3D人工視網膜技術，製造出一隻機械眼。它產生的影像比其他機械眼的更清晰，甚至可看見紅外線！

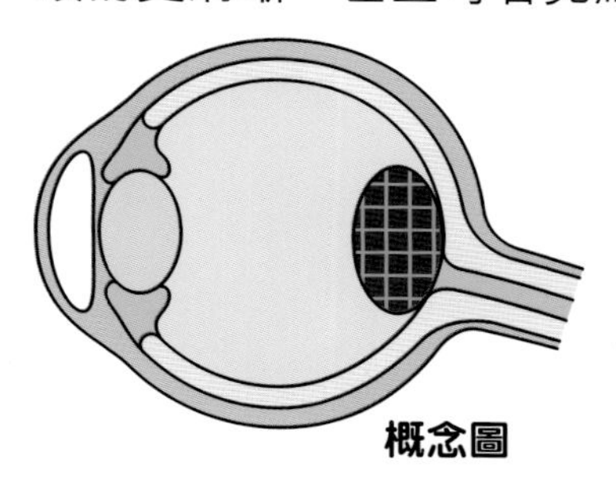

概念圖

3D人工視網膜是從一種太陽能板發展而成，因此也有太陽能板的功能。除了上述的紅外線感知，該視網膜還可為整隻機械眼供電呢！

人工神經細胞

神經細胞若受到傷害，不但復原速度慢，而且不一定能完全康復。日本東京大學的研究團隊就研發出人工神經細胞，用來替代受損的天然神經細胞。

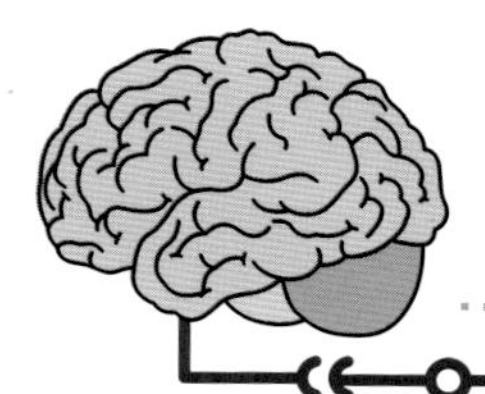

人體內的神經線由神經細胞串連而成，可單向傳遞神經訊號。

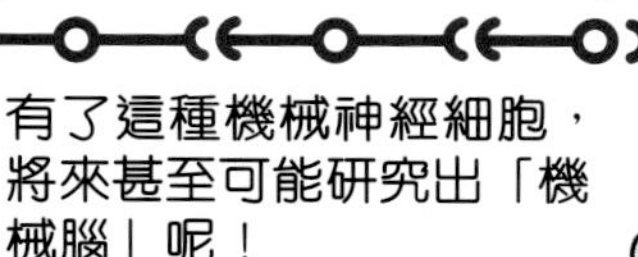

有了這種機械神經細胞，將來甚至可能研究出「機械腦」呢！

有觸覺的義肢

義肢也屬仿生機械，雖出現已久，但一直無法為使用者產生觸覺。而首個令使用者有觸覺的手臂義肢，就在今年4月由瑞典查爾摩斯工學院的研究團隊成功製造出來了！

◀這種義肢跟人體的神經線、骨骼及肌肉連接，使用者需要約7年時間熟習，到最後1年才能啟用觸覺功能，目前正準備進行人體試驗。

問問他們是否要取回這些資料。
塞因斯3號
2020-1

塞因斯3號？這船名我有點印象……
咦？聯絡不上他們，只收到雜訊。
找資料

銀河日報 2020/10/31
研究船塞因斯3號
離奇失蹤
4船員下落不明

這4人不正是他們嗎？

馬上回去找他們！

難……難道他們是……
人呢？

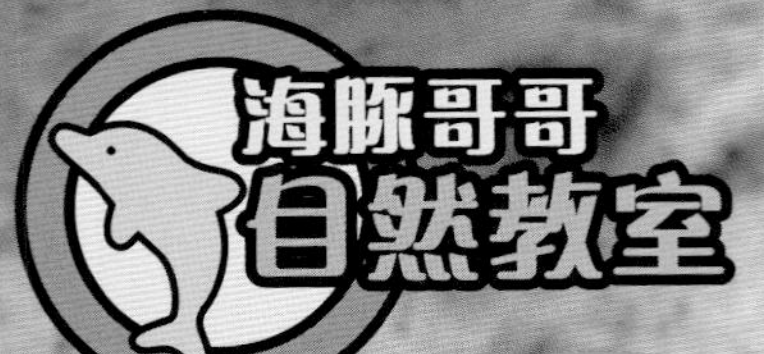

弧邊招潮蟹

看！招潮蟹隊長的大鉗就好像拿着一個大盾牌，多麼威武！

這個大鉗是用來對付想侵佔領土的壞人，保衛家園。

©海豚哥哥Thomas Tue

弧邊招潮蟹（Fiddler crab，學名：*Uca arcuata*），是沙蟹科招潮屬動物，估計只有兩年壽命。雄性的其中一隻螯（節肢動物的第一對腳）特別巨型，主要用來守護領土和吸引異性，小螯則用來挖取泥漿裏的食物。而雌性則只有兩隻小螯。

雄性和雌性的眼睛都好像兩枝突出的火柴，外殼是白色、橙色和黑色，闊約3至4厘米，足部則是橙色和粉紅色。

©海豚哥哥Thomas Tue

▲招潮蟹廣泛分佈於亞洲熱帶及亞熱帶海岸的潮間帶地區，喜歡在鹹淡水海岸沼澤或紅樹林濕地上棲息。牠們主要吞食泥沙以攝取藻類和有機物，並把不可食的部分吐出來。

▼如雄性招潮蟹失去了大螯，牠的小螯會發育變成大螯，而在下次蛻皮時，原先失去的位置會長出小螯。

©海豚哥哥Thomas Tue

▲在繁殖季節雄蟹經常揮舞大螯，向雌蟹求偶和示愛。有研究發現，雄性的巨螯愈大，愈能吸引雌性，因巨螯的大小與牠的洞穴寬度有關。巨螯愈大代表能挖掘的洞穴更大，令孵化溫度和生存環境更佳，這也代表雄蟹健康良好，有助誕下更有活力的後代。

收看精彩片段，
請訂閱Youtube頻道：
「海豚哥哥」
https://bit.ly/3eOOGlb

海豚哥哥簡介

海豚哥哥 Thomas Tue

自小喜愛大自然，於加拿大成長，曾穿越洛磯山脈深入岩洞和北極探險。從事環保教育超過19年，現任環保生態協會總幹事，致力保護中華白海豚，以提高自然保育意識為己任。

萬聖節搗蛋糖果盒

10月31日是萬聖節，愛因獅子和頓牛到居兔夫人家中討糖果吃。

Trick or Treat!

拉開盒子取糖果吧！

哇！
哇！
哈哈哈！

製作難度：
★★★☆☆

製作時間：
1小時

玩法

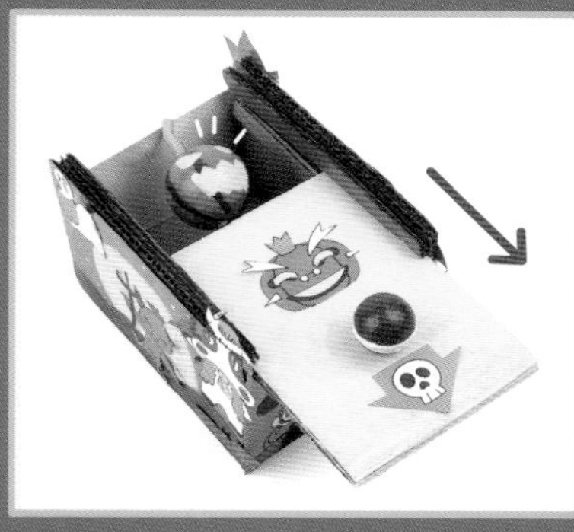

快速拉開盒子，嚇人道具就會從盒中彈出！

製作不同的道具，增加新鮮感！

紙盒製作方法

材料：紙樣、厚紙板、棉繩、萬字夾（或鐵線）、竹簽
工具：剪刀、白膠漿、雙面膠紙、膠紙、大頭針

1 用至少 0.5cm 厚的厚紙板剪出以下尺寸，如用教材盒製作，則要黏合 2 塊厚紙板。

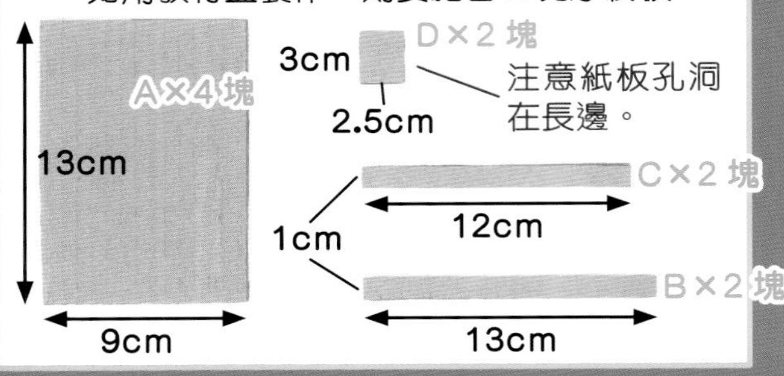

2 如圖把厚紙板 B、C 分別貼在 2 塊厚紙板 A 上。

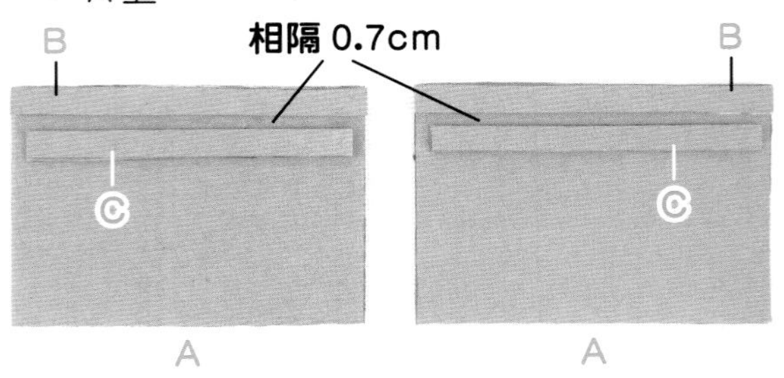

3 在圖示位置分別用大頭針開孔，再用竹簽把孔撐大。

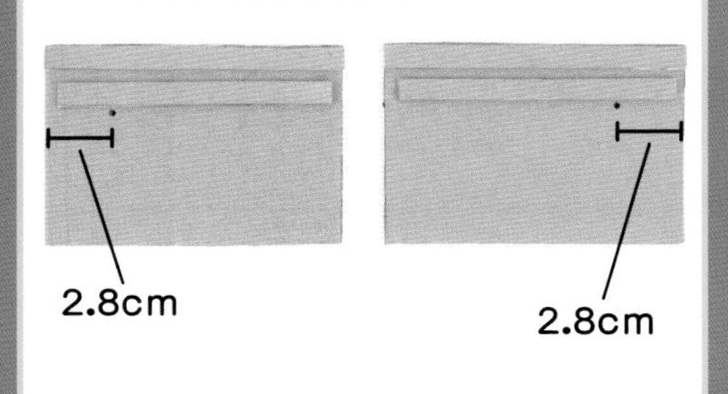

4 拗直萬字夾，並將末端如圖屈曲，再用膠紙將其固定在其中一塊厚紙板 D 上。

5 用膠紙貼上另一塊厚紙板 D，剪下一條長約 15cm 的棉繩。用膠紙將棉繩貼在上面。

6 把竹簽穿過厚紙板 D 長邊中央的孔洞，然後插在 2 塊厚紙板 A 的孔洞上。

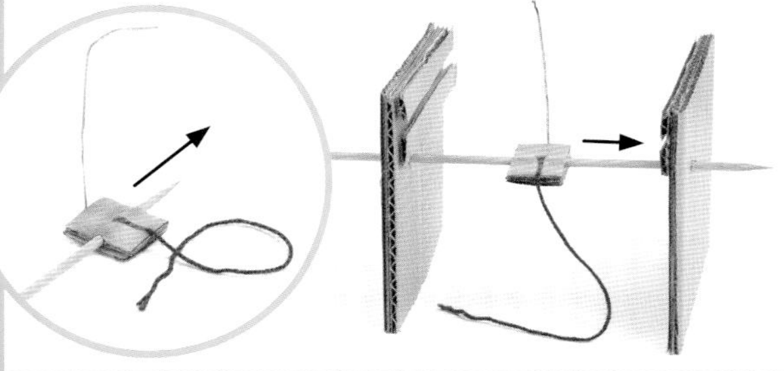

7 把另一塊厚紙板 A 放在下方，再用白膠漿貼實兩邊。

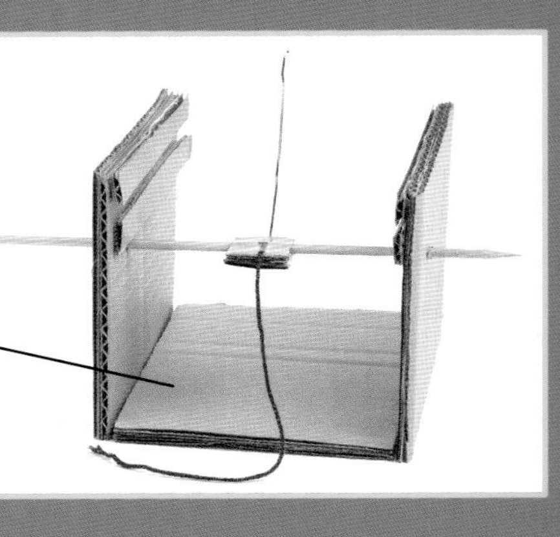

8 如圖推起厚紙板 D 及放置最後一塊厚紙板 A，稍稍拉直棉繩，用膠紙貼好。

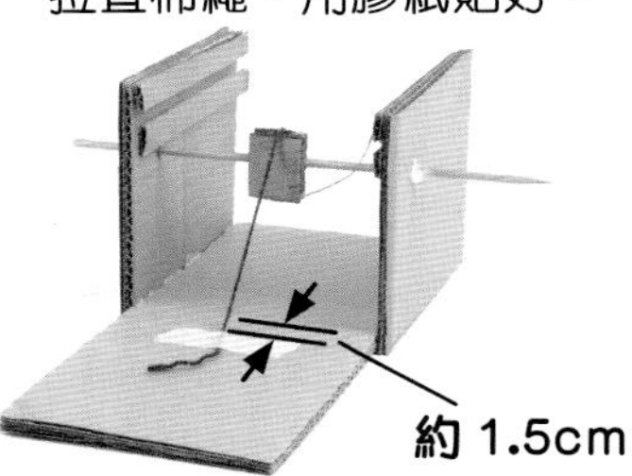

9 製作拉柄及裝飾。

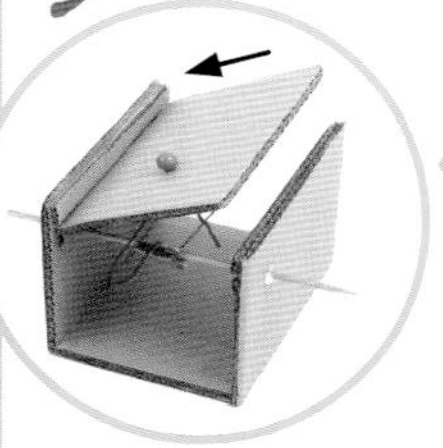

反轉厚紙板 A 後斜放上盒頂。

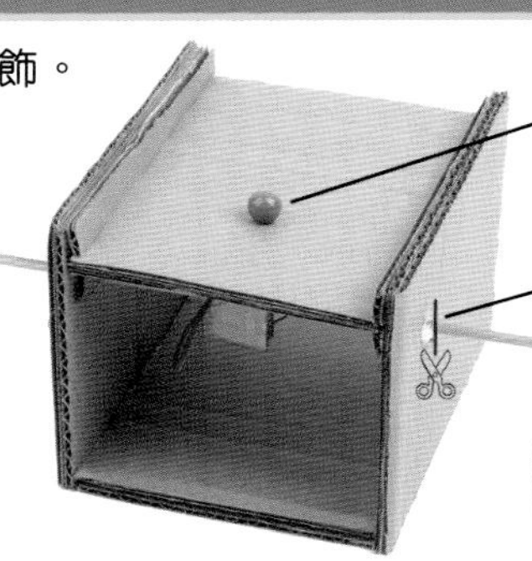

在發泡膠球插上竹簽，將其插在頂部作為拉柄。

剪短伸出盒外的竹簽。

貼上裝飾紙樣，完成！

嚇人道具製作方法

南瓜

材料：發泡膠球、綠色紙、竹簽、水彩
工具：白膠漿、畫筆

1 在直徑約 11cm 的發泡膠球用水彩畫上南瓜圖案和表情。

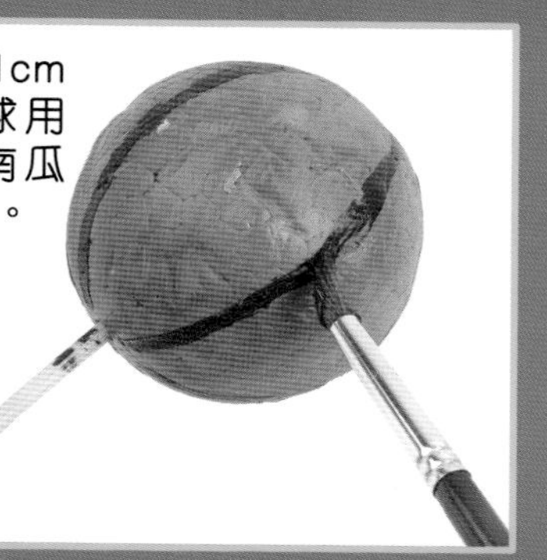

插上竹簽方便塗色。

2 製作南瓜柄。

按上圖尺寸剪下一張綠色紙。

3 在末端塗上白膠漿，用竹簽捲起後貼好。

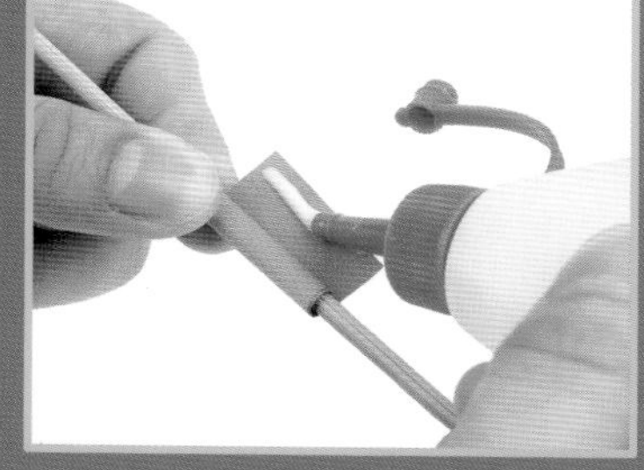

4 剪短並稍微折彎竹簽後，把南瓜柄插在南瓜球的頂部。

幽靈

材料：發泡膠球、廚房紙、絨毛條、竹簽
工具：膠紙、黑色墨水筆

1 把竹簽插在圓形或鵝蛋形發泡膠球上，剪出 2 條長約 5cm 的絨毛條並屈曲成山狀，用膠紙貼在竹簽的左右兩方。

2 塗上白膠漿，然後貼上廚房紙，修剪多餘部分以放進盒內。

在頭部位置畫上眼睛及嘴巴。

把道具插到鐵線上，完成！

也可用第 178 期教材內的蜘蛛呢！將其用膠紙貼在鐵線上即可。

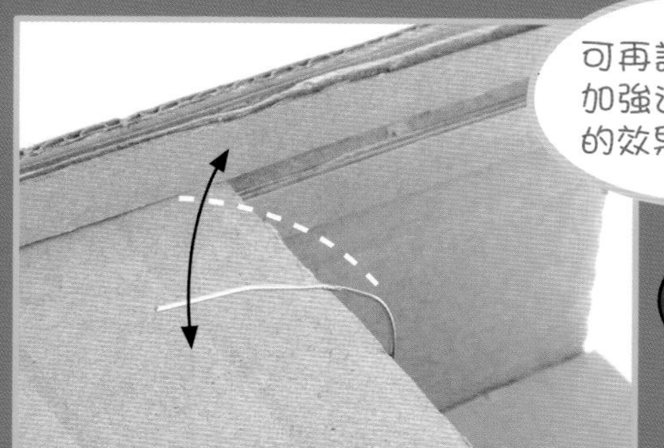

可再調整鐵線，加強道具彈出時的效果！

剛才差點把我嚇壞了！

嗚嗚……
哈哈，這種技巧名叫突發驚嚇，很常見的呢！

突發驚嚇

突發驚嚇（Jump scare）常用於恐怖電影、電子遊戲和鬼屋中，以影像或事件的突然劇變把人嚇倒。例如在電影畫面中突然出現殭屍，或是在鬼屋行走時，鬼怪突然在眼前跳出，都做到這效果。

受驚嚇時的身體反應

受到威脅，如：

【物理層面】
看見可怕、從未見過的事物。

【心理層面】
腦裏出現負面想法，如擔心被朋友嫌棄、出洋相等。

產生 **恐懼**

觸發

戰鬥或逃跑反應
（Fight-or-flight response）
一種遺傳自遠古生物的原始反應，身體會作出預備以應對危險。

帶有快感的恐懼？

血液中的腎上腺素增加，使人心跳加速、頸子和背部變得僵硬。

集中傳送養分和氧氣到肌肉及主要器官，作出攻擊準備，並關掉不必要的系統如消化系統、批判思維等。

身體充滿活力

而當我們想起……

現正置身安全環境，不會有實際危險。

擔憂 ⬇

大腦增加釋放多巴胺、安多酚、血清素等神經傳導物質。
興奮、快樂等高度正面情緒 ⬆

享受過程

怪不得人們愛玩機動遊戲、看恐怖電影和進入鬼屋……
對，他們能在沒有危險的情況下感受恐懼，從而進入興奮狀態。

每人身體對恐懼的反應都不同，故有些人更愛尋找刺激，有些則不會。
說起機動遊戲，我很喜歡玩過山車呢！
我很怕離心力，但愛玩瘋狂轉圈的咖啡杯！

紙樣

沿實線剪下

兒童的科學

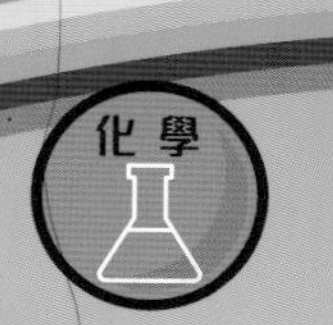

自製繽紛彩虹

彩虹真美，若可天天見到就好了！

我有辦法！

哇，是彩虹啊！

牛奶上的幻彩表演

黑紙上的彩虹

牛奶上的幻彩表演

所需物品：牛奶、食用色素、洗潔精（或洗手液、泡泡液）

工具：大碟、棉花棒

1 把約 80 - 100 毫升的牛奶倒在大碟上（本實驗使用脫脂牛奶）。

2 在牛奶中央滴下數滴不同顏色的食用色素。

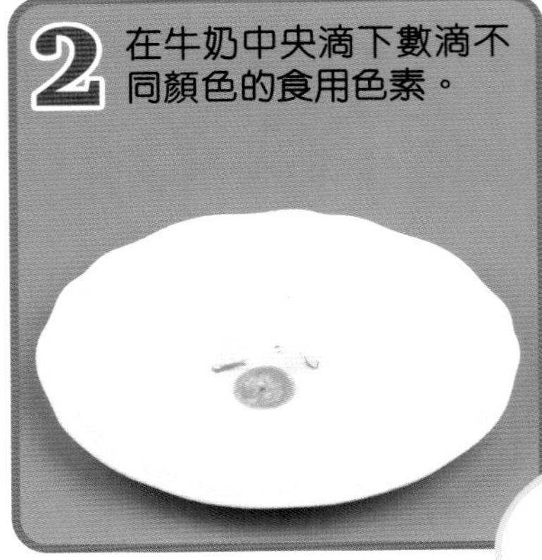

3 把洗潔精加進牛奶，觀看兩者混合後的神奇反應！

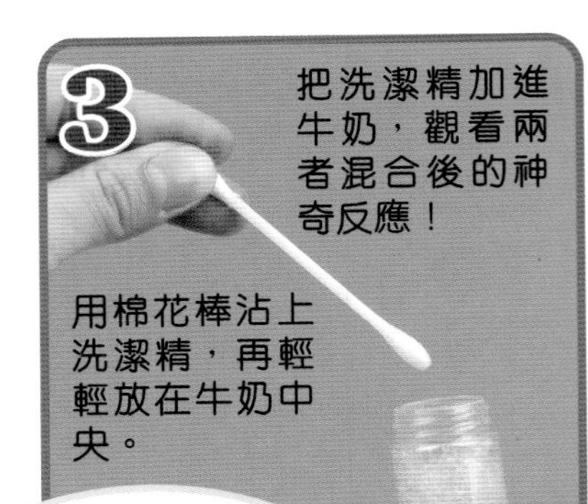

用棉花棒沾上洗潔精，再輕輕放在牛奶中央。

試試用棉花棒沾上洗手液或泡泡液，色素同樣會散開！

* 不同牌子的色素密度有別，散開的程度也各異。

4 色素急速以圓形散開，還在不斷綻放！

5 用棉花棒攪動水面，會出現不同花紋！

若繼續用棉花棒攪勻，色素就會完全混合，不會再產生變化。

6 把牛奶換成水，重複實驗。

色素只會散開一次，再用棉花棒攪動水面時，色素也不會再改變。

分子的相互追逐

▲牛奶主要由水、脂肪、蛋白質和乳糖組成。

洗潔精、洗手液和泡泡液都含有表面活性劑，那是由鈉離子及脂肪酸組成。

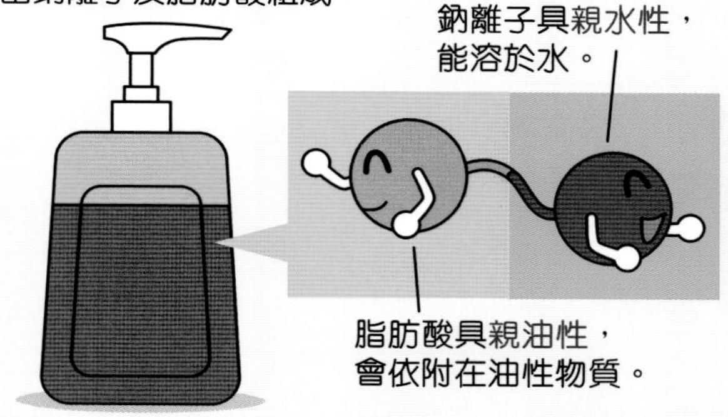

鈉離子具親水性，能溶於水。
脂肪酸具親油性，會依附在油性物質。

▲有關表面活性劑，請參閱第 180 期的「科學實踐專輯」及「科學 DIY」。

把洗潔精加進牛奶後……

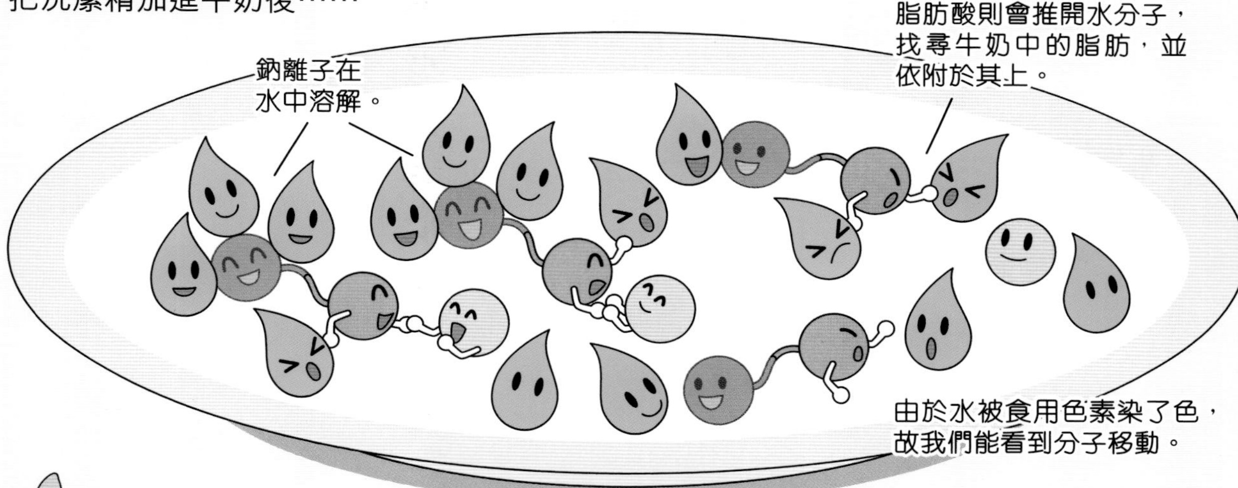

鈉離子在水中溶解。
脂肪酸則會推開水分子，找尋牛奶中的脂肪，並依附於其上。
由於水被食用色素染了色，故我們能看到分子移動。

牛奶中的脂肪是關鍵，那為甚什麼用脫脂牛奶也成功？

水中沒有脂肪，為甚麼色素也會散開一次？

全脂牛奶每 100 毫升約有 3.25% 脂肪，低脂牛奶則約有 1 至 2%，脫脂也有少於 0.5%，故可用作實驗，但脂肪愈多，色素就會散開得愈多！

互相吸引的水分子在水面形成表面張力。

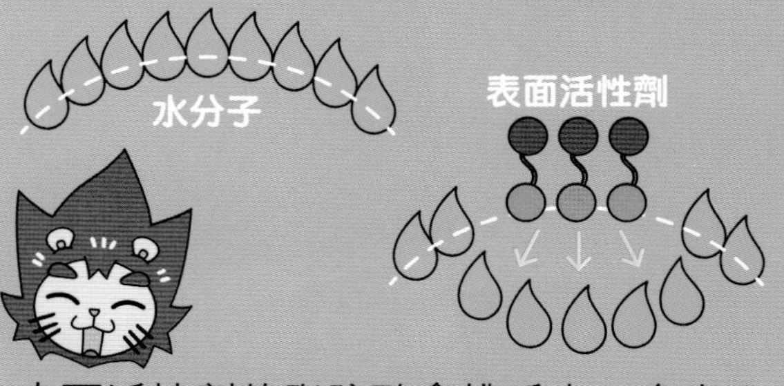

表面活性劑的脂肪酸會排斥水，令水分子散開，破壞這股張力，食用色素就讓我們看到如何水分子移動。

黑紙上的彩虹

所需物品：黑色硬卡紙、透明指甲油
工具：大碗、廚房紙

⚠指甲油會散發濃烈氣味，請在通風的地方進行實驗。

1 剪下一張邊長比碗稍少的黑色硬卡紙。

2 把水倒在碗中至差不多全滿。

3 把紙放到水中，用手壓住紙張，使其下沉。（如卡紙是單面，黑色那面向上）

4

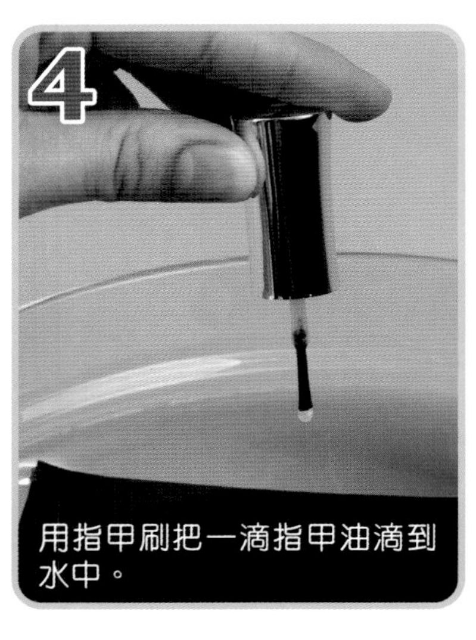

用指甲刷把一滴指甲油滴到水中。

5 水面出現一層漸漸擴張的幻彩薄膜，等待約10秒，小心拿起黑色卡紙。

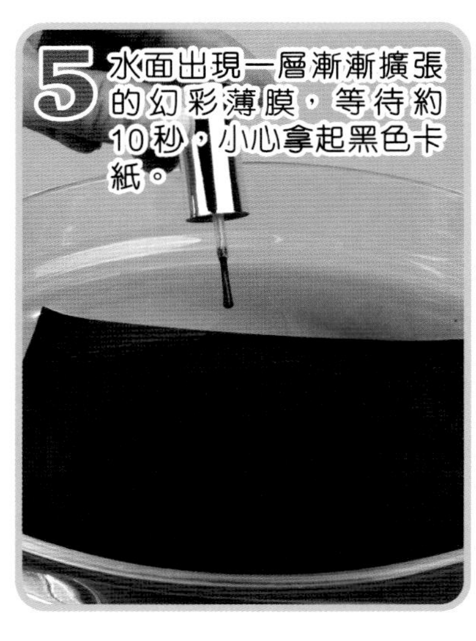

6 當看見薄膜緊貼在硬卡紙上後，可倒掉多餘的水分並放在廚房紙上風乾。

7 重複步驟 3 至 5，多弄數張卡紙，看看顏色有甚麼不同吧！

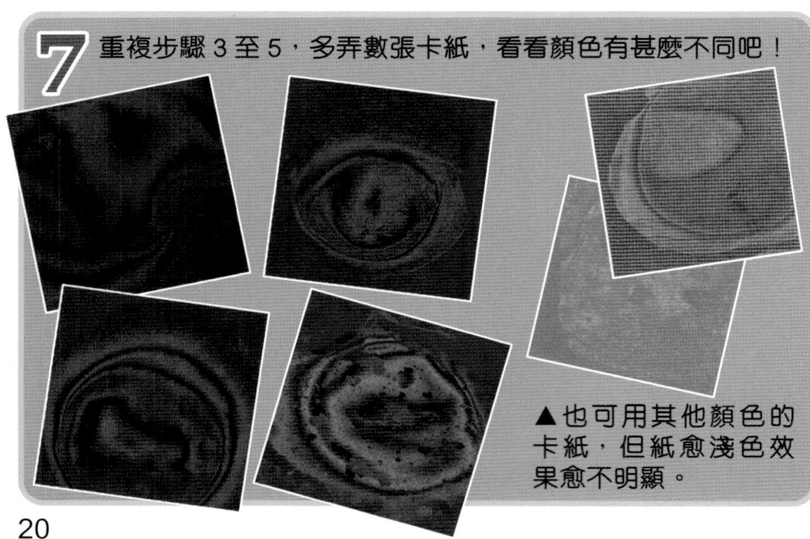

▲也可用其他顏色的卡紙，但紙愈淺色效果愈不明顯。

硬卡紙在燈光下呈現繽紛色彩！

完成！

產生薄膜的硝化纖維

指甲油含有一種名為硝化纖維的聚合物，能在物質表面形成一層透明薄膜，令指甲油依附於指甲上。

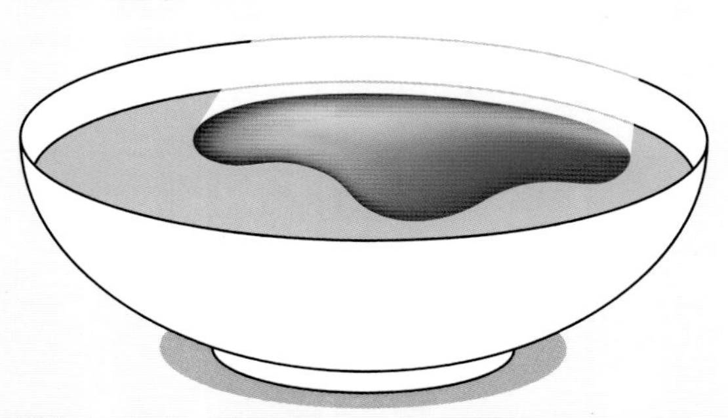

▲當指甲油滴到水中時，一層透明油膜在水面慢慢擴大，並在燈光下呈現幻彩顏色。

▲硝化纖維也用於製造卡牌和結他表面的亮漆。

分散顏色的薄膜干涉

當光穿透油膜時，一部分會被油膜面層反射，另一部分的前進速度會改變並折射進入油膜底層。

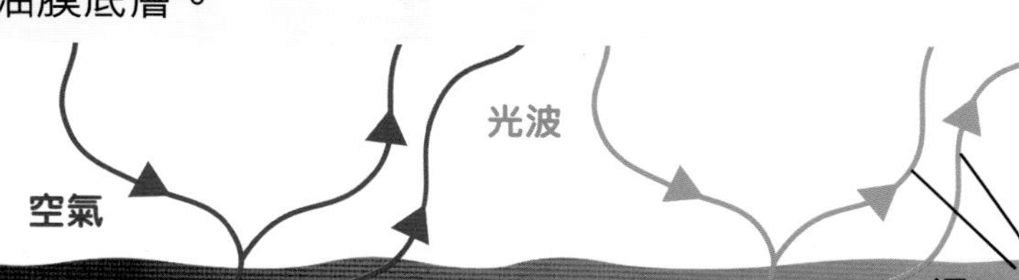

指甲油在水面
產生的油膜

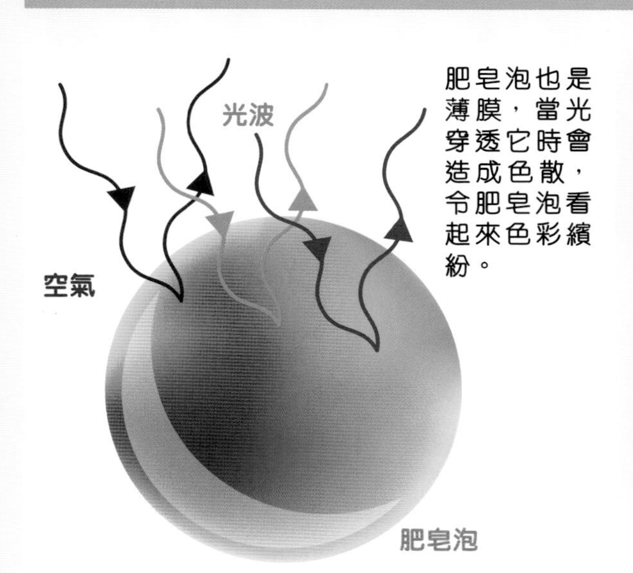

各種顏色的光波波長有別，會以不同角度折射穿過油膜，造成色散。
這 2 束光波非常接近，故會互相干擾，加上受薄膜厚度和光照角度影響，某些顏色的光會彼此抵消。相反，有些卻互相補強，「脫穎而出」讓我們看見，這現象稱為薄膜干涉。
薄膜每處的厚度不一，故呈現七彩幻變的顏色。

光波
空氣
肥皂泡
肥皂泡也是薄膜，當光穿透它時會造成色散，令肥皂泡看起來色彩繽紛。

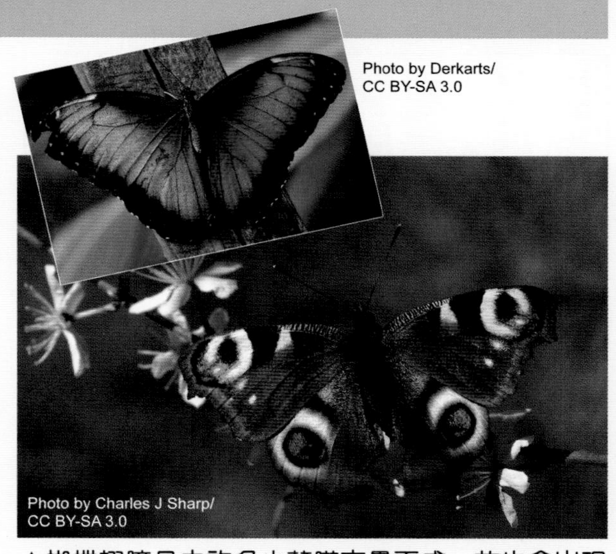

Photo by Derkarts/
CC BY-SA 3.0
Photo by Charles J Sharp/
CC BY-SA 3.0

▲蝴蝶翅膀是由許多小薄膜交疊而成，故也會出現薄膜干涉，顏色隨光照角度而改變。

一貼一撕便條紙

Post-it®便條紙在貼上後能隨時撕下來，十分方便。原來，它的研發靈感來自教堂唱詩班。

兒科小劇場

1974年的某教堂唱詩班
化學工程師
亞瑟·傅萊
紙
今次要唱這首歌，讓我用紙夾在此做標記。

呼！

若紙張能暫時貼在歌本上，撕下來時又不會損壞歌本的話就好了……

於是亞瑟·傅萊開始研發工作，到了1981年……
我終於發明好了！
但是

Post-it®黏膠與普通膠水的分別

以白膠漿為例，當中的聚乙酸乙烯酯呈幼粒狀，能滲入物件的小孔，並在水分揮發後緊密堆積，產生強勁的黏力，以致不易分開。

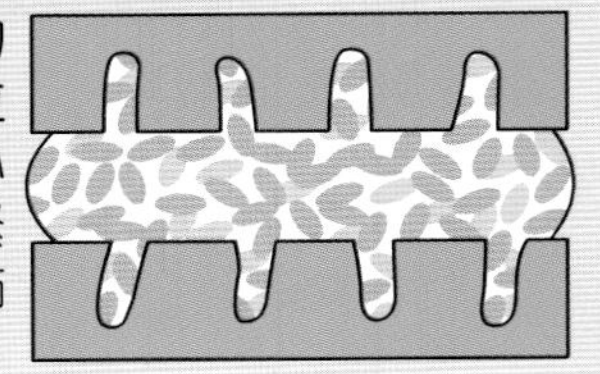

容易撕下的黏膠

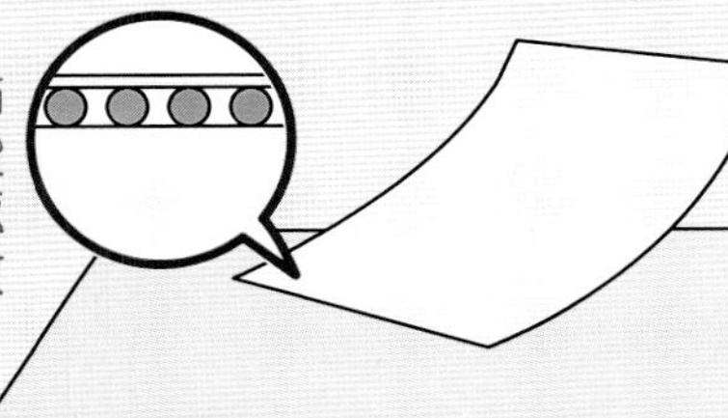

▶便條紙上的黏膠成分為丙烯酸膠，呈一顆顆極微小的球型，故接觸面較少。

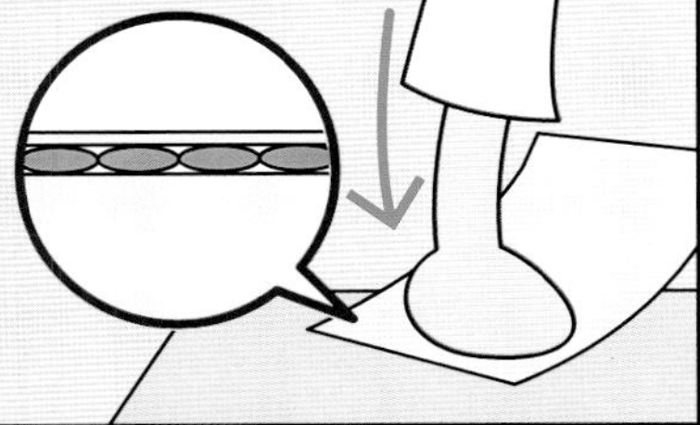

▶用手將便條紙壓在物件表面時，黏膠變成扁球狀，這樣就能增加接觸面，令便條紙黏貼在表面。

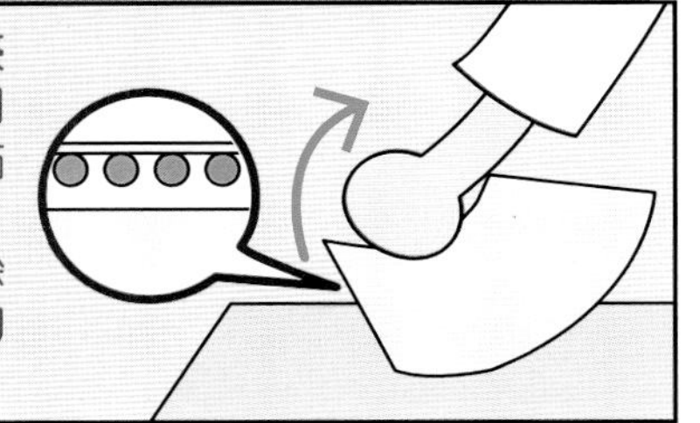

▶當撕下便條紙時，黏膠回復成球狀，黏力大大減少。輕易撕下之餘也不會損壞物件。

Post-it® Super Sticky Notes擁有更多球型膠，其黏力比傳統便條紙更強。

▼而且多次重複黏貼後仍可緊貼物件表面，貼在布料及皮革上也沒問題！

▼現今的便條紙有不同尺寸和顏色，方便作各種用途。

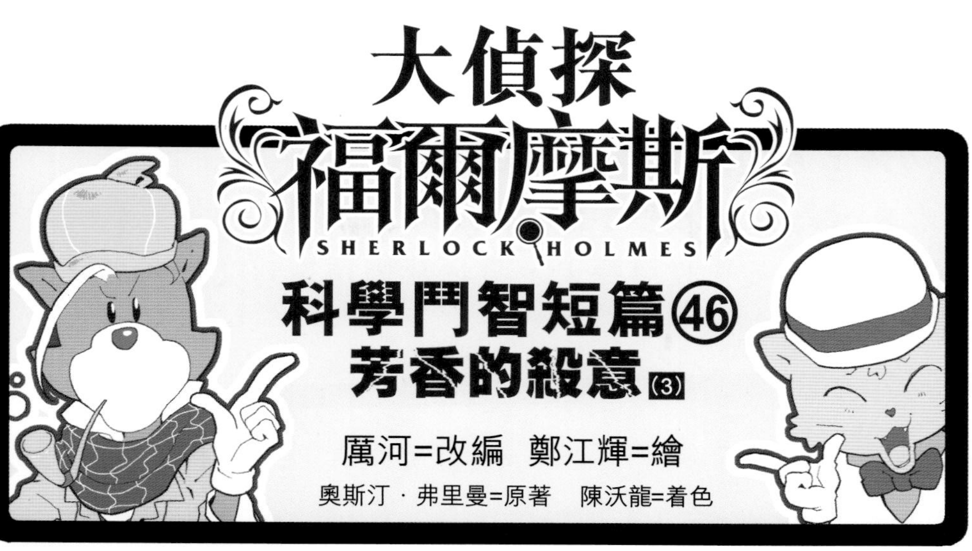
大偵探
福爾摩斯
SHERLOCK HOLMES
科學鬥智短篇㊻
芳香的殺意(3)
厲河=改編 鄭江輝=繪
奧斯汀．弗里曼=原著 陳沃龍=着色
福爾摩斯 精於觀察分析，曾習拳術，是倫敦最著名的私家偵探。
華生 曾是軍醫，樂於助人，是福爾摩斯查案的最佳拍檔。

上回提要：

殺人犯彭伯雷十多年前越獄赴美，改邪歸正後結婚生子。但兩年前妻子病逝，他只好與6歲兒子小吉回英國隱居。一天，彭伯雷與小吉在火車上遇到前獄警普拉特，並受其威脅，要他翌日晚上在一條林蔭道支付掩口費。彭伯雷雖然口頭答允，但心中已另有計策對付。翌日，他前往當地的警察局，向與普拉特有私怨的警察艾利斯假意問路，暗中卻在對方身上做了手腳。當晚，他與兒子吃過飯後，就前往約好的林蔭道上埋伏。但在施襲時卻出了意外。第二天，福爾摩斯閱報得悉普拉特被殺，幸得警犬緝兇，憑在現場撿到的兇刀上的氣味，就追蹤到正在警局辦公的疑犯艾利斯。不過，出於對警犬的懷疑，福爾摩斯應狐格森之邀出手調查，發現普拉特額上瘀傷、背部和大腿上的刀傷皆有可疑。出人意表的是，當他檢視兇刀時，更有驚人發現！

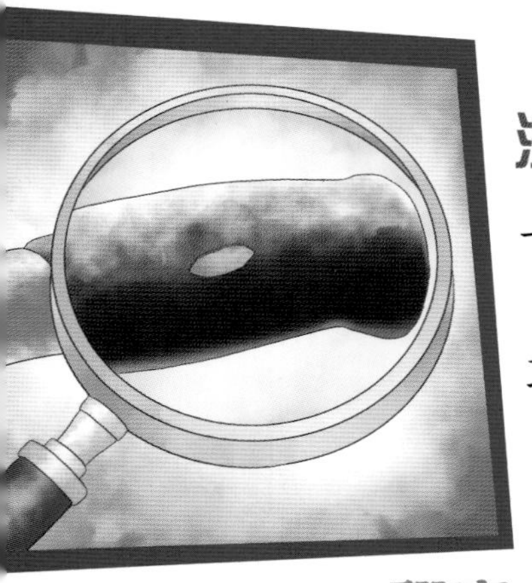

「這是把新刀，刀柄上卻被刮走了**一小片漆**，看來是故意的。」福爾摩斯說着，用鼻子湊上去用力地聞了一下。

「你把自己當作警犬嗎？聞甚麼？」華生趁機取笑。

可是，福爾摩斯突然臉色一沉，說：「警犬認錯人了，艾利斯很可能是**無辜**的，我們必須為他**翻案**！」

「真的嗎？」狐格森又驚又喜，「你發現了甚麼？為何這樣說？」

「香氣！因為刀柄上有一股**麝香的氣味**！」

狐格森慌忙奪過刀，放到鼻尖上聞了聞。

「啊！真的有股麝香的氣味！」他驚訝萬分，「我們竟沒發覺，一定是刀鋒上的血腥掩蓋了這股香氣。」

「看來，是有人故意刮去木製刀柄上的漆，把麝香精滲進木柄中，利用麝香的氣味吸引警犬，再把牠們誘導到艾利斯那兒去。」福爾摩斯分析道。

「你的意思是，有人想嫁禍艾利斯？」狐格森問。

「沒錯。麝香的氣味濃烈，沾上了的話，幾天也不會散去。」福爾摩斯說，「嫁禍者只須把麝香滲入兇刀的刀柄上，再沿途在地上撒下麝香，一直來到警局，並把麝香撒到艾利斯身上，警犬就會追蹤而至，撲向艾利斯了。」

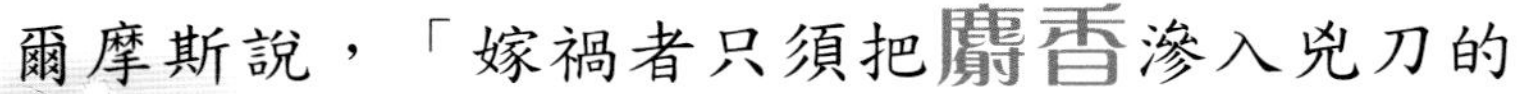

「竟然想出這種嫁禍的方法，實在太叫人意外了！」華生嘖嘖稱奇。

「不過，這只是推論，還得檢查一下艾利斯的衣褲鞋襪，才能百分之百確定。」福爾摩斯說。

「明白！我馬上去把他的衣物拿來。」狐格森說完，馬上走出了停屍間。不一刻，他就把一堆艾利斯的衣物拿來了。

「你的鼻子最靈敏，你來聞吧。」福爾摩斯向狐格森提議。

「**好！**」狐格森馬上拿起一雙襪子聞了聞，大叫一聲，「**嘩！好臭！**艾利斯那傢伙肯定幾天沒洗襪子了！」

華生不禁暗笑，老搭檔也太狡猾了，厭惡性的工作總是騙人家去做。

狐格森再聞了聞鞋子，說：「唔？**左腳的鞋底**有麝香的氣味呢。」

說完，他又聞了一下褲子，搖搖頭。然後，他拿起上衣聞來聞去，當聞到衣背時，不禁瞪大眼睛說：「**衣背**也有麝香的氣味！」

「嘿嘿嘿，看來我的推論沒錯呢。」福爾摩斯說，「一定是兇手在艾利斯不為意時，走到他身後，在他**背後**和**左腳附近**灑了一點麝香，令他染上了**香氣**，警犬自然就把他當作兇手了。」

「太好了！我可以為艾利斯洗脫嫌疑，吐一口烏氣了！」狐格森大喜，「哈哈哈！臭猩猩！你看着，我一定要你當眾出醜！」

「不過，除了麝香外，死者身上的**兩處刀傷**和額頭的**瘀傷**也非常可疑。我們不如去兇案現場看看，再下結論吧。」福爾摩斯說，「對了，有本鎮的地圖嗎？」

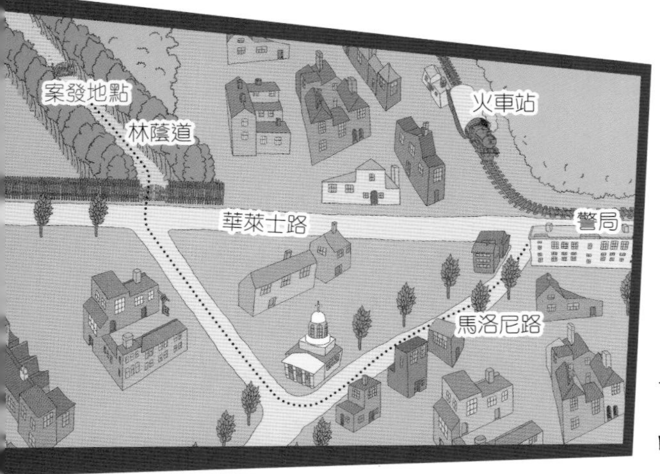

「要地圖來幹嗎？」狐格森問，「去兇案現場的話，我認得路呀。」

「不，我只是想預先了解一下警犬的**追蹤路線**罷了。」

「好的。」說着，狐格森走去借來一張地圖，並指出了警犬的追蹤路線。

「唔？」福爾摩斯眼底閃過一下疑惑。

「怎麼了？」華生問。

「追蹤路線有點奇怪。」福爾摩斯說，「由兇案現場的林蔭道到警局去，走**華萊士路**更近呀，為何要**拐一個大彎**，走那條要經過教堂的**馬洛尼路**呢？」

「我知道！一定是兇手**故佈疑陣**，特意挑一條較遠的路，用來避開人們的耳目！」狐格森**自作聰明**地說。

「是嗎？」福爾摩斯沒有表示同意或反對，只是歪着頭想了想，然後說，「這樣好嗎？我們沿着警犬的追蹤路線，去**兇案現場**看看再說吧。」

福爾摩斯三人剛要離開警察局，就碰到了李大猩。狐格森與李大猩**各持己見**，沿途吵吵鬧鬧，幸好只走了約20分鐘，就來到了兇案現場的林蔭道。

華生一眼就看出兇案發生的地方了，那兒有一大片乾了的**血跡**，不用說，普拉特就是躺在那裏死去的。福爾摩斯走到血跡前蹲下，仔細地檢視着地面。

「還有甚麼好看？」李大猩**揶揄**道，「那兒只有一灘乾了的血，甚麼也沒有。」

「是的，確實甚麼也沒有。」福爾摩斯說着，站起來問，「**兇刀**呢？兇刀是在哪裏發現的？」

「就在那灘血跡的旁邊。」狐格森答道。

「唔……行兇後就把兇刀扔在屍體的旁邊嗎？」福爾摩斯**自語自語**，「假設艾利斯在這裏伏擊普拉特，他必定經過**深思熟慮**。但他是個警察，應該知道留下兇器的話將對自己非常不利呀，為何不拿走兇刀丟棄，竟大剌剌地把它留在兇案現場呢？」

福爾摩斯想了想，站起來低着頭繼續往前走。

「**唔？**」他走了十來步後，忽然又蹲下來，掏出放大鏡往地面細看。

「怎麼了？有發現嗎？」緊隨其後的華生問。

「這裏。」福爾摩斯指着一塊略為**隆起的地面**說，「下面埋着一塊**石頭**。」

蘇格蘭場孖寶聞言，匆匆走了過去，但李大猩只是看了看，就**嗤之以鼻**地說：「哼，還以為你說甚麼，這是一條泥路呀，鋪設路基時常會用石頭墊底，有甚麼好稀奇的。」

「這個我當然知道，問題是，在這塊隆起的石頭上，有少許肉眼難以察覺的**血跡**呢。」

「甚麼？」狐格森慌忙蹲下細看，「啊！真的有些血跡。」

「這代表甚麼？」華生問。

「記得普拉特額頭上的**瘀傷**嗎？」福爾摩斯說，「很可能，那是他倒在這裏時，額頭撞到這塊石頭上造成的。」

「那又怎樣？」李大猩不客氣地問，「這改變不了他被刀刺死的**事實**呀。」

「你說得沒錯，確實改變不了這個事實。」福爾摩斯說，「不過，卻可以讓人提出一個疑問——**普拉特曾在這裏摔倒，但他遇刺的位置卻朝後倒退了十多步，當中有何含意呢？**」

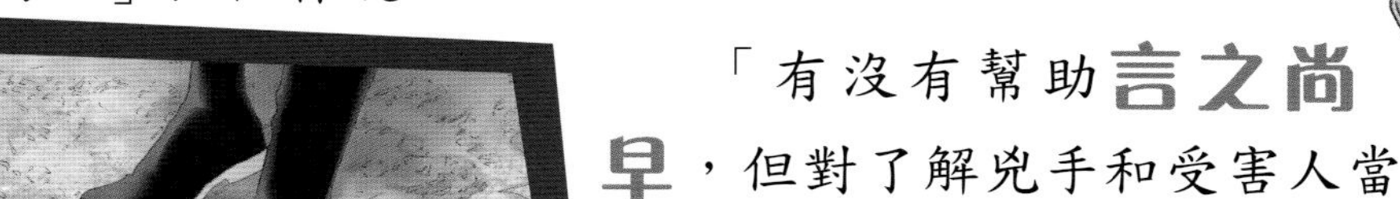

「這確實叫人迷惑，但這對破案有幫助嗎？」狐格森說。

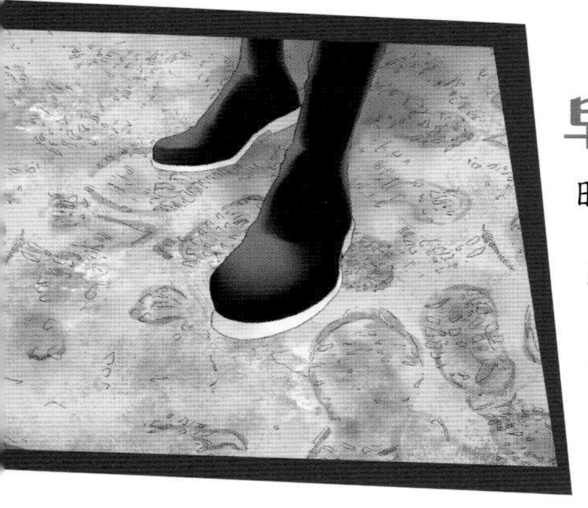

「有沒有幫助**言之尚早**，但對了解兇手和受害人當時的行為卻有一定幫助。」福爾摩斯說完，又來來回回地觀察地面，當看到那些**亂七八糟**的**鞋印**時，不禁抱怨道，「太多鞋印了，根本無法知道哪些是兇手留下的啊。」

「是啊，這裏至少留下了十多人的鞋印，大部分都被踩得**不似鞋形**，一點用都沒有。」狐格森說。

「唉……要是鞋印保存得好，就能看出很多線索啊。太可惜了。」福爾摩斯歎道，但正當他想放棄時，卻突然眼前一亮，急急地蹲了下來。

「怎麼了？又有發現嗎？」華生問。

「奇怪……」福爾摩斯自語自語，「這裏有半個比較清晰的鞋印，可是怎樣看，這鞋印都太小了，難道是小孩子留下的？」

「不可能，我和本地警察已確認過了。」李大猩說，「奧格曼將軍和警察不用說，將軍家沒有小孩，案發後來過這裏的僕人都是成人，不可能有小孩子的鞋印。」

「可是，這個很明顯是小孩子的鞋印啊。」福爾摩斯指着地面說。

眾人湊過去看，果然，從那半個鞋印的大小看來，應是七八歲左右的小孩留下的。

「會不會是案發前已有的呢？」華生問。

「不能否定這個可能。」福爾摩斯說，「但也可能是案發時留下的，如果真的是那樣，為何一個小孩會出現在案發現場呢？」

「艾利斯沒有小孩，就算有，也不會帶着孩子來犯案吧。」狐格森故意說給李大猩聽。

「唔……實在太奇怪了……」福爾摩斯低着頭沉思片刻，突然，他抬起頭來驚叫，「**哎呀！**我實在太愚蠢了！那本**兒童圖畫書**！我怎麼沒想到你們在這裏發現的那本兒童圖畫書呢？」

「兒童圖畫書！」華生馬上明白了，「難道案發當晚，有一個小孩子來過這裏，所以留下了**鞋印**和一本**兒童圖畫書**！」

「且慢！」李大猩大聲說，「兒童圖畫書也可能是早已丟在這裏的呀！你又怎知道是案發當晚留下的？」

「當然不能排除這個可能，可是——」福爾摩斯一頓，他環視了一下三位同伴繼續說，「當兩個偶然——①小孩的鞋印和②兒童圖畫書——同時出現，已大大削弱了這種可能。而且，當**第三個偶然**也同場出現的話，這個可能就微乎其微了！」

「第三個偶然？你指的是甚麼？」狐格森緊張地問。

「那就是刀傷！**普拉特大腿上的刀傷！**」福爾摩斯眼底閃過一下寒光，「馬上回警察局，我要檢查一下那本圖畫書！」

在趕回警察局的途中，福爾摩斯向華生三人說明了為何「大腿上的刀傷」是第三個偶然。

「記得嗎？死者右腿背後的刀傷有兩個特點：**一是刺得很淺**，與刺在死者左背上的深度相差很大；**二是位置出奇地低**，距離腳底只有2呎4吋。」福爾摩斯說，「所以，如果行刺者是個成年人的話，這個刀傷怎樣看也是異常的。不過，如果行刺者是個**七八歲的小孩**，一切就變得非常合理了。」

「甚麼？你指兇手是個小孩嗎？」李大猩和狐格森都**不約而同**地問。

「不，死者背上刀傷的高度，和直達心臟的力度皆顯示，兇手是個**成年人**。」

「啊，這麼說的話，案發時有**兩個人**，一個是約七八歲的小孩，他刺傷了普拉特的大腿。另一個則是成年人，他刺穿了死者的左背，成為致命的一擊。對嗎？」華生問。

「沒錯，我的推論就是如此。」

說着說着，他們已回到警察局。狐格森從證物保管處取來那本**兒童圖畫書**，遞給了福爾摩斯。

「唔……只是一本很普通的圖畫書呢。而且，看來被翻閱了很多次，書邊都給翻得有點殘破了。」福爾摩斯一邊翻閱一邊說，但他揭到最後一頁時，忽然眼前一亮，「這裏寫着**一個名字**，看來是擁有這本書的小孩子呢。」

李大猩等人連忙湊過去看，果然，最後一頁的角落用鋼筆寫着「*T. Fauci*」。

「只要找到這個名叫**T.福奇**的小孩子，或許能問出事發當晚發生了甚麼事呢。」福爾摩斯說。

「好！我去找這裏的局長，叫他馬上派人去查！」狐格森**一馬當先**，跑了出去。

不一刻，他又急急地跑了回來，說：「找到了！有個巡警知道這個T.福奇是誰。他的全名叫**東尼．福奇**，住在距離案發地點不到七八分鐘的路程。我們回來時走的是**華萊士路**，剛才也經過那兒。」

「啊！」福爾摩斯眼底靈光一閃，「兇手在路上留下麝香時，有意避開華萊士路，而拐個大彎去走馬洛尼路。難道——」

「我知道！」華生搶道，「**他想避開自己住的地方！**」

「但東尼．福奇不是個小孩子，他已**20歲**，正在唸大學啊。」

狐格森補充道。

「甚麼？」福爾摩斯頗為意外。

李大猩鬆了一口氣，不忘譏笑道：「嘿嘿嘿，看來這本圖畫書與兇案沒有多大關係呢。福爾摩斯，你雖然細心，但也太過多疑了。算了吧，兒童圖畫書的調查就**到此為止**。**收工！**」

「嘿嘿嘿，我確是個多疑的人。」福爾摩斯卻不肯**輕言放棄**，「為了**釋除疑慮**，不如去找那位福奇先生問一下，看看他的這本書為何會掉在兇案現場附近吧。」

李大猩雖然覺得麻煩，但又怕事態的發展不如他自己的想像，只好勉強地跟着福爾摩斯三人，來到了福奇家。他們一問之下，才知道**福奇家**在幾個月前把沒用的**圖畫書**全送給了隔壁的**彭伯雷家**，而彭伯雷已帶着小吉在半小時前離家，說要往倫敦旅行。

四人大驚之下馬上奔到火車站。他們只是向乘務員問了一下，就知道與彭伯雷和小吉**形跡相像**的一對父子，已登上了一列前往倫敦的火車，正坐在一個包廂中。

「還有10分鐘才開車，幸好趕得及！」狐格森**氣喘吁吁**地說。

「包廂狹窄，我們貿貿然衝進去抓人，可能會傷及小孩子。」福爾摩斯向孖寶幹探提議，「不如由我獨自進去勸降，華生守在門外，你們則守在車窗外，以防彭伯雷跳窗逃走。」

「**好！**」孖寶幹探沒有異議。

於是，在問過廂號後，福爾摩斯悄悄地去到包廂門前，**出其不意**地一手把門拉開，逕自走了進去。華生則緊隨其後，守在門口監視。

「你是彭伯雷先生吧？」福爾摩斯**若無其事**地在彭伯雷的身旁坐下。

「請問你是……？」彭伯雷面露警戒之色。

福爾摩斯沒有回答，只是堆起笑臉，把手上的圖畫書遞給坐在對面的小吉，說：「這是你的書吧？」

「嗯。」小吉沒想到心愛的書本會失而復得，很高興地接過了書，並馬上翻閱起來。

「這書怎會……？」彭伯雷被殺個措手不及，一面愕然。

「在兇案現場找到的，你自首吧。」福爾摩斯輕聲在彭伯雷耳邊說，「普拉特已死，但那個可憐的艾利斯仍在生，你不想把他推上斷頭台吧？」

「……」

「我們知道普拉特大腿上的刀傷，是小吉造成的。」福爾摩斯看了一眼小吉，依舊壓低嗓子說，「如你不肯自首，警察不會客氣，他們必定會嚴詞詰問小吉，這只會為小吉帶來更大傷害。」

「……」

彭伯雷雖然沉默不語，但福爾摩斯知道，他一定明白「帶來更大傷害」的意思。因為，小吉用刀刺人，必定是在非常恐懼下作出的行為，相信在心靈上已造成極大的事後創傷。

「千萬不要為難小吉，一切都是因我而起。小吉……小吉只是為了保護我……才會刺傷普拉特的。」彭伯雷終於打破沉默，他眼泛淚光地坦白，「我當晚想刺殺那傢伙，但他逃走時摔在地上昏了過去，不知怎的，這令我殺意全消。於是，我就把刀扔掉並轉身離去。可是，只走了十來步，那傢伙突然從後扼住我的脖子，令我完全透不過氣來。」

「啊！」華生心中恍然大悟，「原來普拉特摔倒後往回走十多步的原因在此！這也證明彭伯雷現在的供詞非常接近事實。」

「當我快要失去意識時，他忽然『**哇**』一聲大叫，雙手也同時鬆開。」彭伯雷繼續憶述，「我脫身後發現小吉跌坐在地上哆嗦，手上更拿着那把我剛扔掉的刀。我這才知道，原來小吉一直跟着我。這時，被刺傷了的**野豬**發瘋似的撲向小吉，但我比他的動作更快，奪過小吉手上的刀還擊。普拉特大驚之下轉身就逃，之後……我衝向他，當回過神來時，發現他……他已倒在地上了。」

「之後，你就**棄刀**逃走？」福爾摩斯問。

「不，我把刀塞進單肩包中，然後從樹洞中取出一把**預早藏好的刀**，在刀身上塗上普拉特的血，然後才把它扔在他身旁。」

「你為甚麼這樣做？」福爾摩斯訝異。

「因為，放在樹洞中的刀塗了**麝香精**，是用來把警犬引向艾利斯的。」彭伯雷說，「只有這樣，我才可避免自己沾到香味惹來**警犬**追捕。」

「爸爸，你們在說甚麼？」忽然，小吉從書本上抬起頭來，怯怯地問。看來，他已察覺到**氣氛有異**了。

「沒甚麼……」彭伯雷擦了擦眼邊的淚水說，「我們不去倫敦了。這位叔叔……為了前兩晚的事要帶我去警察局。你去福奇太太家住幾天，之後的事就待警察叔叔安排吧。」

小吉驚愕地看看福爾摩斯，又看看彭伯雷。他呆了半晌，好不容易才嗚咽似的哀求：「不……爸爸不要……你不要去警察局。」

「對不起……對不起……」彭伯雷垂下頭來飲泣，「爸爸是個壞人，爸爸以前犯過事，才會惹上麻煩……我……我對不起你。」

「**不！爸爸不是壞人！**」小吉大喊，他突然看了看膝蓋上的書，剎那間醒悟甚麼似的，一手把書擲向福爾摩斯。

「**那不是我的書！不是我的！**」小吉叫道，「那不是我的書，你們不要抓爸爸！嗚……是我不好！爸爸是為了保護我才刺那個人的！」說罷，他撲向彭伯雷，倒在他的懷中飲泣。

在警察局中，彭伯雷和盤托出與普拉特和艾利斯的恩怨後，道出了他如何嫁禍艾利斯。

原來，**嫁禍的方法**並不複雜，他只是在一根手杖的末端挖個洞，把一個棉花球塞進洞中，套上鑽了小孔的腳套，再在小孔中注入麝香精，然後去警察局假裝問路，趁機在艾利斯背後和腳旁撒下麝香。離開時，再沿途用手杖戳向地面，留下麝香精的芳香，直至抵達兇案現場為止。這麼一來，一條把警犬引向艾利斯的**路線**就形成了。為了避開自己的家，他還特意挑了條遠路，拐了個大彎。此外，完成所有準備後，他馬上回家用高錳酸鉀洗澡，把麝香的氣味完全清除。

「警犬的嗅覺雖然敏銳，但牠們只能找出氣味的來源，卻不能證明一個人是否兇手啊。」離開警察局後，福爾摩斯向華生說，「不過，正如那位跟我們**緣慳一面**的奧格曼將軍那樣，人們很容易把手段——警犬的能力，視作**結果**——指控犯人的證據。彭伯雷就是利用人們常犯的這種邏輯上的謬誤，設局陷害艾利斯的。」

「是的，幸好為了鬥氣的狐格森來找你幫忙，否則彭伯雷就可以**逍遙法外**了。」華生笑道，「不過，這次你為狐格森挽回面子，卻害得李大猩抬不起頭來呢。」

「我才不管那對**歡喜冤家**呢，反正他們鬥完氣後又會馬上**稱兄道弟**，就像小孩子一樣。」福爾摩斯一頓，有點唏噓地說，「此案最可憐的是小吉，他要無辜地承受父親帶下來的**罪孽**，實在叫人難受啊。」

「是的，小吉的命運才是最叫人難受的……」華生點點頭，腦海中又浮現出那**叫人痛心的一幕**——當福奇太太來接走小吉時，他死抱着父親的大腿、不肯離去的場面。

科學小知識

【麝香】

香料的一種。據香港浸會大學中醫藥學院的中藥材圖像數據庫載，麝香「來自鹿科動物林麝、馬麝或原麝成熟雄體香囊中的乾燥分泌物。野麝多在冬季至次春獵取，獵獲後，割取香囊，陰乾，習稱『毛殼麝香』；剖開香囊，除去囊殼，習稱『麝香仁』。家麝直接從其香囊中取出麝香仁，陰乾或用乾燥器密閉乾燥。」

自古以來，麝香多被用作製造香水，在中國也作藥用。

【狗的嗅覺】

嗅覺靈敏與否，受鼻腔表面（嗅上皮）的感覺細胞（嗅細胞）影響。據說，人的嗅上皮面積約3至4cm^2，但狗則有18至150cm^2，擁有的嗅細胞當然比人類多很多。所以，狗的嗅覺要比人類靈敏得多。

此外，狗還擁有名為「犁鼻器」的輔助嗅覺器官，它是一對內有液體的囊，位於上顎犬齒的後方。據說這個器官能探測到動物發出的信息素（pheromone／又稱外激素），對追蹤動物很有幫助。

狗那個濕漉漉的鼻子對追蹤氣味也起着重要作用，因為它可捕捉風向，知道氣味從何而來。據說狗還能聞到汗中含有的揮發性脂肪酸，在追蹤犯人時就大派用場了。

據日本警犬協會網頁資料顯示，狗的嗅覺對不同氣味有不同的靈敏度，右表是與人類的比較。

氣味的種類	比人類大多少倍？
酸臭	1 億倍
纈草根的香氣	170 萬倍
腐爛了的牛油	80 萬倍
堇菜的花香	3000 倍
大蒜的氣味	2000 倍

IQ挑戰站 腦筋

遊戲派對

伏特犬買了一套新的桌上遊戲，於是找來了愛因獅子和居兔夫人一同試玩。

Q1 伏特犬需要用計數機來計分，可是他只找到這部破爛的計數機，它除了1、2、5、8這四個按鈕外，其他按鈕都已壞掉，怎按也沒反應，請問他利用這四個按鈕，可輸入的四位數共有多少個？

Q2 遊戲用的棋子裝在棋袋裏，而袋口則用繩綁着。愛因獅子拆開棋袋後，卻不小心把繩子亂纏了起來。如果他甚麼也不管，直接拉直這條繩，繩會否打結呢？

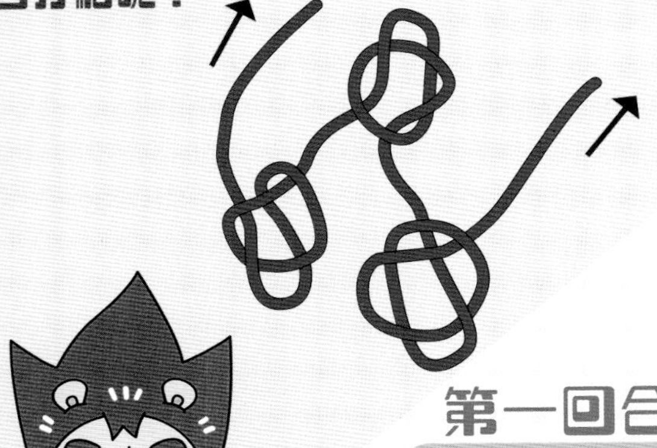

Q3 該遊戲可進行多個回合，每個回合玩家互相比併並分出名次，不會打成平手。玩家根據名次獲得一固定分數，並不斷累積：

	第一回合	第二回合	第三回合
第一名	5分	5分	5分
第二名	n分	n分	n分
第三名	1分	1分	1分

第二名的分數n介乎第一和第三名之間。

三人玩了多個回合，最後三人累積的分數為：

居兔夫人	13分
愛因獅子	9分
伏特犬	5分

請問他們玩了多少個回合？

Yeah！
我是冠軍！

答案在P. 50。

《兒童的科學》創作組 = 編
Costo = 插畫
誰改變了世界？
特立獨行的科學天才
愛因斯坦 下

「如果我可以追上光，那將會看到甚麼呢？」

「不知道，但我覺得那應該很**不可思議**。」

「你想像不到吧？我想了這麼多年也不明白那是甚麼景象。另外光速又是否會**改變**啊？」

「真是個有趣的問題呢。」

「還有，人們說光要用乙太傳遞，但我覺得那是多餘的。」

愛因斯坦在街上一邊走，一邊與同事兼好友貝索*談天說地，討論各種物理話題。

正當二人說得**興高采烈**之際，突然愛因斯坦大叫一聲：「**我想到了**！」接着他連「再見」也不說，就直接丟下對方匆匆跑回家了。

到第二天貝索回到專利局辦公室工作時，只見愛因斯坦跑過來道：「謝謝你！我解決到問題了！」

「問題？啊，是昨天那個光的討論吧？」貝索看着對方**興奮**的表情，不禁好奇地問，「你如何解決的？」

「**時間**！它就是答案的關鍵！」愛因斯坦緊握拳頭，「牛頓錯了，時間和空間才不是絕對的，而是**相對**的！」

這是1905年5月發生的事情，兩個月前愛因斯坦才發表有關光的「波粒二象性」*論文。之後，他將進一步探討**光的速度**，並帶出了**時空**這種非常科幻的主題。

*有關貝索、波粒二象性的內容，詳情請參閱《兒童的科學》第185期「誰改變了世界」。

奇跡之年②——狹義相對論

牛頓說過時間與空間是**絕對**的，時間只以一種速度流逝，空間也**一成不變**。譬如男孩將球拋向同伴，期間不論是誰在哪裏觀察，球到達對手的時間都一樣，而兩人之間的距離也不會變動。另外，經過前人反復計算，得出**光速**約為每秒298000公里*。這是一個極快的速度，因為發射步槍子彈也只有約每秒0.7至1公里而已。

在此背景下，愛因斯坦道出一個**嶄新**的觀點：時間和空間是**相對**的。若在接近光速這種特殊環境下，拋球的時間和距離會變得不一樣。

1905年6月，他寫出〈論運動物體的電動力學〉*，為光速與光的傳遞問題提供答案，並提出著名的「**狹義相對論**」，闡述時空的關係。文中列出兩項假設：第一，在速度不變的直線運動環境下，所有物理定律不變；第二，不論發光源與觀測者的狀態如何，光速在真空環境下永遠不變。

假設有人乘坐一輛以光速百分之六十速率行駛的**火車**時，所看到外面的時空將會大不一樣。他會發現車外的時間走得特別**慢**，而且外面的景色非常古怪，好像左右**收窄**了一般。這是因為根據相對論，外界的時間出現延滯，而空間則在收縮，彼此就像「互換」了，時空正在互相影響。

此外，相對論指出光速是宇宙速率的**極限**。除了光本身，其他事物無法以光速移動。所以，愛因斯坦明白到少年時想像與光並駕齊驅的情況根本不可能發生。

之後他**再接再厲**，於9月發表另一篇名為〈物體慣性與其能量相關嗎？〉*的3頁簡短文章，提出物質是能量的其中一種表現形式，而且兩者可互換。例如元素「鐳」會不斷放出能量射線，致使其本身質量不斷減少。

愛因斯坦以方程式表示物質與能量的關係，即$L=mv^2$。之後他更

*現代已知光速大約是每秒299792.458公里。
*〈論運動物體的電動力學〉(On the Electrodynamics of Moving Bodies)
*〈物體慣性與其能量相關嗎？〉(Does the Inertia of a Body Depend on Its Energy Content?)。

改代數符號，寫成舉世知名的公式：$E=mc^2$，以解釋少量物質便能換成極大能量。

質能轉換對日後研製核子武器起着關鍵的啟發作用，只是當時他並未細想這種可怕的用途。

象牙塔的工作

愛因斯坦發表多篇論文後，獲少數知名物理學家留意，其中一位是普朗克*。他曾在大學解說相對論，令愛因斯坦在科學界**嶄露頭角**。1909年，愛因斯坦得到博士論文導師**推薦**，成為蘇黎世聯邦理工學院理論物理學副教授。就這樣，他回到母校任教……

某天愛因斯坦講課時，發現學生**神色有異**，遂問：「你們怎麼了？」

「老師，我們從那裏開始就不大明白……」一位學生**怯生生**地指着黑板的某條公式說。

「你們怎麼不說？」愛因斯坦**詫異**道，「不明白就即時說出來，就算打斷我也不要緊，否則我說了半天豈不是**白說**嗎？」

於是，他先回頭解說，然後看看一張寫了撮要的白卡片，繼續**授課**。此後，每當講解完一個步驟，他便停下來問：「你們明不明白？明白的話，我們就繼續吧。」

約半個小時後。

「好，先休息一會。」愛因斯坦道，「之後再繼續解決那麻煩的算式。」

他走下講台時，就聽到他們**七嘴八舌**地討論算式的解題。

「老師，我們說得對嗎？」其中一個學生問道。

「唔，很接近目標。」愛因斯坦**話鋒一轉**，說，「對了，你們知道不只有一種解法嗎？」

大夥兒一聽，卻只是**面面相覷**。

「不要緊。」他拍拍那個學生的肩頭，笑道，「你們再想一下，

*有關普朗克的事情，詳情請參閱《兒童的科學》第185期「誰改變了世界」註釋。

一會我就說答案。」

輕鬆教學令愛因斯坦深受學生歡迎，專心研究則使其相對論成功誕生，而此理論的面世亦為他帶來更好的工作機會。後來，普朗克對其才能甚為**賞識**，欲羅致這名科學界新星，遂邀請對方擔任威廉皇帝物理研究所所長和柏林大學教授，還讓其當選為普魯士研究院的院士。在優厚待遇吸引下，1914年愛因斯坦終於重返這個昔日恨不得溜之大吉的國家，其事業亦在**柏林**這先進的**科學之都**更上一層樓。

那一年發生不少大事，如第一次世界大戰爆發，還有**日全食**出現，此天文現象能驗證愛因斯坦更全面的廣義相對論。

一鳴驚人——廣義相對論

狹義相對論雖有重大突破，但仍未完整。蓋因該理論只適用於直線的等速運動，卻無法解決如萬有引力般更常見的加速運動。牛頓曾說兩個物體的距離愈近，引力就愈大，亦即不斷加速接近對方*。為了解釋這種現象，1907年仍在專利局工作的愛因斯坦開始思考，將引力也融入相對論中。

經過數年，他發現引力其實是**時空扭曲**導致的一種現象。巨大星體令周圍的時空結構產生彎曲，並使附近的物質都被吸引過去，這就是引力的來源。

星體引力模擬

假設時空是一張巨大的橡皮膜，星球則是一個沉甸甸的保齡球。

當保齡球置於橡皮膜上，橡皮膜就會凹陷，表示時空在星球影響下出現彎曲。若這時有一顆小球在保齡球附近，小球便滾向橡皮膜的凹陷位置，那代表了引力*。

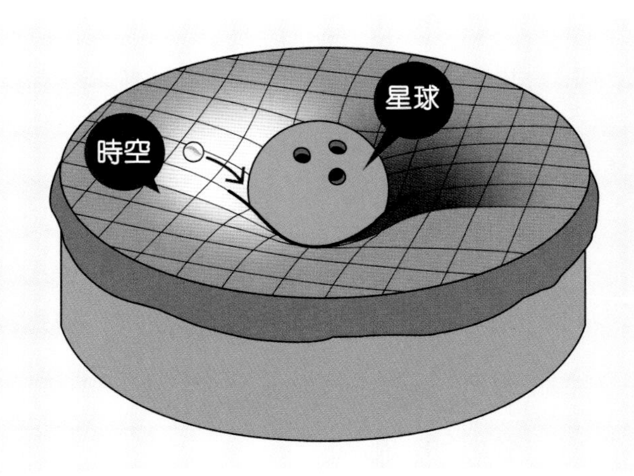

根據牛頓萬有引力定律，物體愈大，其引力也愈大。這是因為質量愈大的星體造成的時空彎曲愈大，遂產生愈大的引力，這股引力甚至能影響**光線**。光線在宇宙以直線前進，但當遇上彎曲的時空，

*有關萬有引力，詳情請參閱《兒童的科學》第184期「誰改變了世界」。
*關於時空彎曲的詳情，也可參閱《兒童的科學》第177期「科學實驗室」。

其路徑便變彎。

若要觀測這種現象，日全食就是最好時機。當太陽被月球遮擋時，陽光大為減弱，天空變得黯淡，這樣就可看到其他恒星發出的光線經過太陽時有否偏折了。

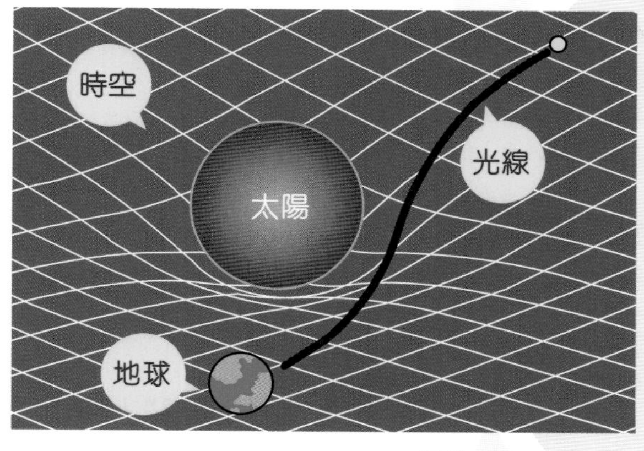

←從遙遠的恆星所發出的光線經過太陽時，會受太陽的引力影響，產生扭曲。

1914年，德國派遣科學團隊到克里米亞觀測日全食。然而，當時正值第一次世界大戰，德國與俄羅斯處於敵對狀態，整支隊伍在途中被俄軍拘捕。幸好後來他們因兩國交涉而獲釋，只是也錯過了驗證相對論的機會。

另外，雖然愛因斯坦提出了廣義相對論的概念，但當時仍未以有效的數學方程式表達。就在此時，一個厲害的競爭者出現了。

1915年，愛因斯坦出席哥廷根大學的活動時，認識著名數學家希爾伯特*，並向對方解釋相對論。希爾伯特聽到後大感興趣，向他表示會試圖找出那條包容引力的方程式。於是，雙方就比賽誰先得出相對論最後的成果。

面對正緊緊追迫的對手，愛因斯坦加快腳步計算，幾乎一刻都沒鬆懈，準備於11月的演講報告最新進度。這時，一個噩耗傳來，11月16日希爾伯特竟表示自己得到結果。而愛因斯坦則延至11月25日才發表其最重要的重力場方程式，並修正恒星光線經過太陽時的彎曲弧度，那大約是1.7弧秒。

雖然愛因斯坦稍晚一步發表成果，但由於希爾伯特曾事後修改算式以貼合相對論，故此其當初的結果不應計算在內。連他自己也承認愛因斯坦才是相對論的作者，功勞應該屬於對方的。

*大衛．希爾伯特 (David Hilbert，1862-1943年)，被譽為19世紀末至20世紀初極具影響力的數學家之一。

那麼，愛因斯坦的計算是否正確呢？1919年5月29日出現的日全食就提供了答案。

英國天文學家**愛丁頓***組成科學考察隊，於3月初兵分兩路作觀測活動。當時，他率隊到非洲西岸對開的小島**普林西**，另一組則到巴西北部的**索波爾**。由於第一次世界大戰結束了半年，海上航行已較安全。

日食出現當天，愛丁頓等人登上小島北面的一個懸崖，架設相機，等候日食出現。可惜，天空卻一直**陰沉沉**的……

「唉。」一名考察人員歎了一聲，「這樣怎看啊？」

「別氣餒，還有點時間，再等等吧。」另一人說。

愛丁頓看看懷錶，分針已指向「II」。日食將於3點13分開始，即是只剩下數分鐘。天空雖逐漸變亮，但仍然有雲遮擋。這時……

「**太陽出來了！**」其中一人叫道。

眾人紛紛抬頭，只見雲間穿了一個**洞**，月球陰影正逐漸移向太陽邊緣。

「抓緊時間！日食開始了！」愛丁頓迅速向天空拍下數張**照片**後，立刻從相機抽出底片匣，接過別人遞來的新菲林更換，再繼續拍照。

警告：千萬別以肉眼直接望向太陽。

月亮「**吃掉**」太陽，四周變得非常陰暗。但過程只有約6分鐘，之後太陽又重新露臉，日食結束了。

「不知另一邊是否也成功拍到照片呢？」愛丁頓心想。

愛丁頓將底片送回英國，並與巴西小組的底片一起沖洗成照片，再將之與平時晚上拍到的照片**比較**，發現兩者有差別，表示星光偏折了。

在巴西測出偏折度約有1.98弧秒，而普林西小島那方則測出大約1.61弧秒，與愛因斯坦計算的結果很**接近**，由此證明廣義相對論正確。雖然彎曲程度極微小，卻是偉大的發現。

*亞瑟·斯坦利·愛丁頓（Arthur Stanley Eddington，1882-1944年），英國數學家與天文學家。

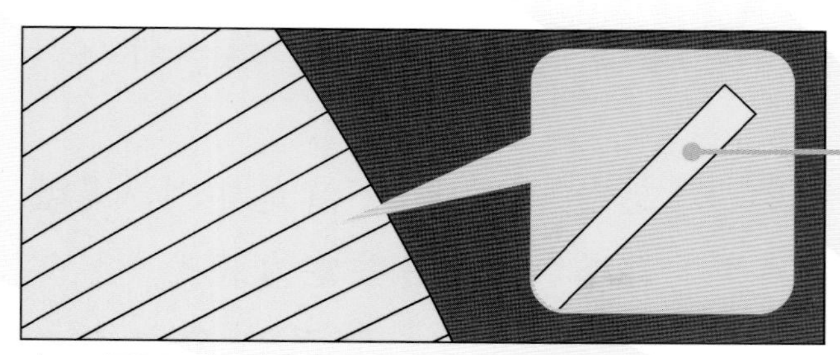

↑一個圓形分割成360份，每份稱為1度（1°），即共有360度。

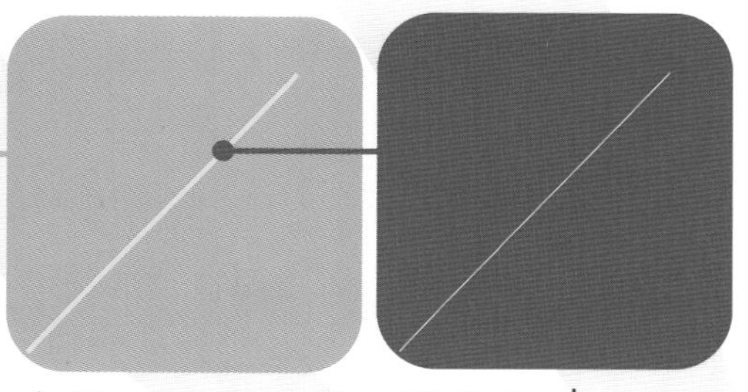

↑每1度中可分成60弧分（60'），而每1弧分裏可再細分成60弧秒（60"）。

光線彎曲印證了相對論，亦表示牛頓古典力學無法涵蓋所有物理現象，但這不表示舊有原理完全錯誤。在日常生活中，牛頓力學仍是**正確**和**有用**，只有當事物速度接近光速時，才與其結果相違。況且，與複雜的相對論相比，牛頓力學應用起來更**方便**。故此直至現代，我們仍要學習這套沿用了數百年的理論。

水漲船高

相對論的發表**舉世震驚**，令愛因斯坦成為世界知名的科學家。當時各國記者都詢問本地物理學家有關相對論之事，報章爭相報道，連街頭巷尾的民眾也紛紛**似懂非懂**地討論這套「新潮」的理論。

而主角自不例外，愛因斯坦幾乎每天都接受柏林記者採訪。世界許多機構和大學都被其**名氣**吸引，競相邀請他到訪演說。於是從20年代至30年代初這十數年間，他展開了**世界之旅**，先後到訪多個國家，而首站就是美國。

1921年春，郵輪駛至紐約曼哈頓。碼頭上除了接待人員，還有數十名記者和攝影師在等候。當船一靠岸，他們就衝到甲板，向那位**赫赫有名**的物理學家採訪和拍照。旅途上，愛因斯坦到了多個城市。只是，當他來到**波士頓**時，卻引發了一場**小風波**……

「愛因斯坦教授，冒昧請教。」一名記者問，「請問聲音的速度是多少呢？」

愛因斯坦略一猶豫，老實答道：「我不記得了，但這種東西只要查教科書就能找到吧？」

「教授，這問題來自流行的『**愛迪生測試**』。」一位接待人員向他低聲道。

「**愛迪生***……」愛因斯坦偏頭想了想，道，「我不清楚那測試是甚麼，但我聽過他的名字。那位先生發明了留聲機，還有些電力裝置。」

「這測試是愛迪生先生用來**篩選**應徵者的。」另一名記者笑道，「不久前他設計超過100條問題，如哪種木材最輕、西維珍尼亞與哪個州接壤等。他認為學院教育只讓人習得空泛的理論，卻不懂實務，所以要再測試呢。」

「但人做事不能只死記知識，還要**訓練思考**。」愛因斯坦皺眉説，「我反倒覺得學院教育在這方面足以勝任，對任何人都很有用，包括那位先生在內。」

四周登時靜下來，氣氛變得很**尷尬**。這時，愛因斯坦的第二任妻子愛爾莎打圓場道：「我覺得愛迪生先生是一位處理物質與實務的發明家，而我的丈夫則是處理空間和宇宙的理論家，兩者**無分軒輊**。」

美國之旅結束大半年後，1922年10月愛因斯坦獲日本一間出版社邀請，前往亞洲地區旅行。夫婦二人走訪新加坡、香港、上海等地，最後抵達**日本**巡迴演説。

至1923年初回程途中，他收到普朗克和波耳等人的道賀信，原來自己獲得了**諾貝爾物理學獎**。這對他來説是意料之事，只是他沒想到得獎並非因為相對論，而是發現光電效應法則所作的貢獻。

光的研究令他贏得諾貝爾獎的榮耀，但同時光量子與「波粒二象性」理論卻為他帶來一場無法勝利的**爭論**。

你知道它在哪裏嗎？——量子力學爭論

自1905年愛因斯坦發表光量子學説後，許多年輕科學家開始了量子力學的研究，只是其發展卻偏離了愛因斯坦預想的方向。

波粒二象性令人們感到困惑，因為在肉眼所見的世界裏，沒有事物能同時展現兩種性質。科學家藉19世紀中期楊格對光進行過的雙狹縫實驗，對**電子**進行相關的**假設試驗**，發覺連一般電子也具有這種兼具波和粒子的特性。在這實驗中，出現一個**古怪**的現象……

*欲知愛迪生的事跡，詳情請看《誰改變了世界？》①。

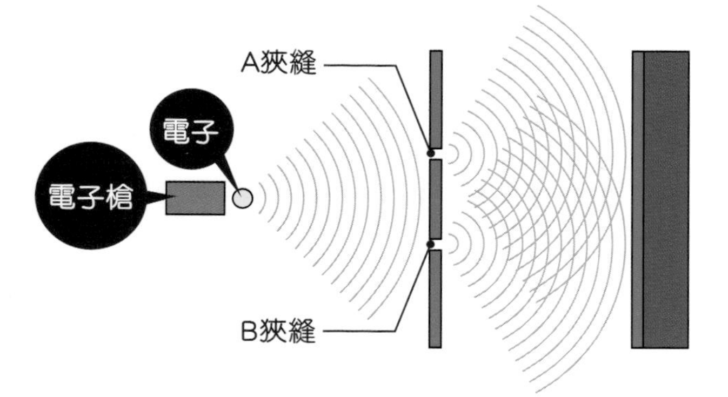

←由於電子具有波粒二象性，當一顆電子被發射出來，其波的特性令它能同時通過兩個狹縫，產生兩個波長。猶如一枝電筒的光能同時穿越木板上的兩個孔洞一般。

一顆電子能同時通過兩道狹縫，亦即會同時處於一個或以上的位置，那麼要怎樣才能準確**測量**它呢？

1927年，年輕物理學家海森堡*提出一個嶄新的理論——**測不準原理**。其意思是人們直接觀察電子前，無法準確預測電子的位置或移動路徑，只能以**機率**估算。

物理學家透過觀測物質和能量，找出其中的模式，從而制定有效的系統，以明瞭大自然的**規律**。然而，測不準原理卻表示只能以機率去估計電子的狀況。換句話說，人們在微觀世界再也無法準確計算事物模式，一切變得**曖昧不明**，這顛覆了古典物理學提倡嚴謹的因果法則觀念。

同時，這套理論觸動了愛因斯坦的神經。雖說他提倡波粒二象性而衍生量子力學，但反對依靠不穩定的機率決定物理法則，因大自然的一切應該有理可尋。他為此說出了一句名言：「**上帝不擲骰子。**」

量子力學的不確定性令愛因斯坦等舊派科學家與新派科學家產生**矛盾**。在1927年和1930年於比利時布魯塞爾舉行的兩屆索爾維會議*上，雙方更短兵相接，不斷**爭論**。

最後，年輕的應戰者在辯論中獲得**勝利**，但不表示愛因斯坦會**屈服**。他始終認為量子力學未夠完整，仍無法找出宇宙真理。後來，他將自己餘下半生的時間和精力，轉而研究一套或許能解釋和應用於所有粒子物理現象的終極法則，那就是「**統一場論**」。可惜的是，在他有生之年依然無法成功找出答案。

出走美國

在愛因斯坦努力研究時，歐洲變得愈來愈**危險**。自1918年第一

*維爾納．海森堡 (Werner Karl Heisenberg，1901-1976年)，德國物理學家。 *測不準原理 (uncertainty principle)。
*索爾維會議，由比利時化學家與企業家歐內斯特．索爾維 (Ernest Gaston Joseph Solvay) 創立的索爾維國際物理學化學研究會，所定期舉行的科學會議。

次世界大戰結束，德國戰敗，須接受喪權辱國的條款和支付巨額賠款，經濟陷於蕭條，人們生活日益艱苦。德國政府為轉移視線，藉着人民存在已久的反猶太情緒，**遷怒**於當地猶太人，極端的納粹思想乘勢而起。

至1933年3月愛因斯坦從美國返回歐洲時，更得悉一件**可怕**的事情。納粹衛隊以懷疑他藏有共產黨員武器為由，擅自搜查其度假小屋。

鑒於局勢愈發**嚴峻**，愛因斯坦決定不再返回德國。3月28日輪船駛至比利時的安特衛普後，他就到當地的德國領事館交還護照，並寫信向普魯士研究院辭職。及後他一度暫居牛津，那時納粹黨要殺他的消息**甚囂塵上**，英國政府隨即派人**貼身保護**。10月7日，愛因斯坦被秘密送到修咸頓，與家人會合後，就轉乘一艘郵輪前往美國，從此沒再踏足歐洲了。

及後他定居於普林斯頓，更成為普林斯頓高等研究院教授，並間接捲入一場**戰爭**之中。

1939年7月，愛因斯坦到紐約長島度假。一天，正當他坐在門前沉思時，聽到有人叫喚自己。

「愛因斯坦教授。」

「兩位是？」他抬起頭來，只見兩個男人站在面前。

「我叫西拉德*，這位先生叫泰勒*，我們有些非常**重要**的事情想與你商量。」

「噢，我知道，有人跟我説過了。來，坐吧。」説着，愛因斯坦搬來兩張椅子。

西拉德**開門見山**道：「聽説去年德國科學家已成功發現核分裂，這樣要製造核子兵器就邁進一步了。」

「如果被他們搶先造出**原子彈**，恐怕一切再難以挽回。」泰勒接話。

「教授在世界的名望甚高。」西拉德説，「若由你出面勸説，總統該會聽從，讓美國也參與研究。」

*利奥・西拉德 (Leo Szilard，1898-1964年)，美籍匈牙利裔物理學家與發明家。 *愛德華・泰勒 (Edward Teller，1908-2003年)，美籍猶太裔物理學家，亦是其中一個奠定核武原理的設計者，被稱為「氫彈之父」。

「當初我發表質能轉換，根本沒想過用來造這些可怕的東西。」愛因斯坦想了一會，凝重地説，「唉，我明白了。」

説着，他把紙筆遞給泰勒，然後口述內容，由對方寫出，再用打字機打出來，並於信末簽上自己的名字。

若希特拉真的先得到原子彈，後果就不堪設想……

之後，他們託人將信交到總統羅斯福*手上。同年8月底，德國入侵波蘭，英法對德宣戰，第二次世界大戰的歐洲戰事開始。由於形勢刻不容緩，羅斯福決定實行「**曼哈頓計劃**」，以求盡快研製核武器。當時愛因斯坦並沒直接參與計劃，只偶爾提供一些科學意見。

1945年8月，原子彈「小男孩」和「胖子」分別投落日本廣島和長崎，令兩座城市瞬間被摧毀，超過20萬人死亡。這促使日本投降，令大戰正式結束。

然而，愛因斯坦卻高興不起來。他意識到自己的研究間接令核武器出現，**威脅**到人類安危。晚年他曾説在信上簽署勸總統製造核武是個巨大錯誤，但那是**逼不得已**的。一想到納粹德國可能造出那種恐怖的炸彈，就無法置之不理。

成功的道路

戰後愛因斯坦一直堅持和平主義。1955年，他與英國哲學家羅素討論如何阻止世界大戰再次發生，建議公開發表聲明，**促請**各國政府決心不再在戰爭中使用核武。

愛因斯坦於4月11日簽署聲明，一星期後就**與世長辭**了，而其逝世又引發一場風波。一名醫生在驗屍時竟擅自取出愛因斯坦的大腦，希望研究他為何如此聰明。他帶着那個腦**穿州過省**，展開一場數十年的**流浪之旅**。至1998年，年邁的醫生將之交予普林斯頓醫院的病理專家繼續研究，以求解開人類高智商之謎。

其實，愛因斯坦早已提及一些成功的**竅門**，那就是好奇心和想像力，兩者永遠是打開世界知識之門的必備鑰匙呢。

*富蘭克林·德拉諾·羅斯福 (Franklin Delano Roosevelt，1882-1945年)，美國第32任總統，也因戰事而成為美國唯一連任超過兩屆的總統。

趣味家居用品大放送！

參加辦法
在問卷寫上給編輯部的話、提出科學疑難、填妥選擇的禮物代表字母並寄回，便有機會得獎。

A 紅外線射擊玩具槍鬧鐘 1名

射中目標才可停止響鬧，保證清醒！

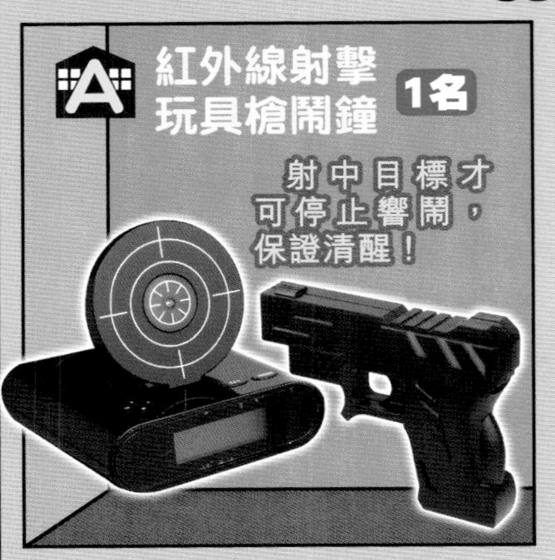

B 恐龍島數獨遊戲 1名

以得意恐龍為主題的數獨卡牌遊戲！

C 兒童數碼相機 1名

簡單易用，你也可成為攝影大師。

D 豪華沐浴球實驗室 1名

自製泡泡沐浴球，完成品送禮自用皆宜！

E 恐龍化石考古玩具 1名

親手掘出夜光暴龍化石！

* 內容為暴龍

F 紙箱戰機模型 1名

最強對手海道金的愛機「芝諾」！

G 星光樂園Q版偶像公仔9個 1名

同時送你 SoLaMi♥SMILE、Dressing Paf é、Gararomagedon！

H 星球大戰可動人偶2個裝 1名

部分關節可動，適合製作情景！

I DIY皮革八達通套 2名

簡易縫紉手工套裝！（內附針線，請注意安全）

第184期得獎名單

A 扭扭樂樓眼版	洪景熙		F 多功能沙灘玩具套裝	李柏謙
B 米妮DIY唇膏＋肥皂實驗	楊恩彤		G 忍者龜角色扮演套裝——拉斐爾	梁俊彥
C LEGO® 迷你兵團 75549	張嘉謙		H 星光樂園卡包福袋	陳蕙、黎悅曈
D 再造紙製作盒	王祉澄			
E 聲控觸控玩偶	韓亦琛		I 變形金剛Premier Edition 路障	麥靖朗

規則

截止日期：10月31日
公佈日期：12月1日（第188期）

★ 問卷影印本無效。
★ 得獎者將另獲通知領獎事宜。
★ 實際禮物款式可能與本頁所示有別。
★ 匯識教育公司員工及其家屬均不能參加，以示公允。
★ 如有任何爭議，本刊保留最終決定權。

* 由於疫情關係，今期禮物將會直接寄往得獎者於問卷上填寫之地址。

我們現時用的手機、平板電腦等電子產品，幾乎都需要用電池儲存電能。美國西北大學和荷蘭代爾夫特理工大學的科學家卻對電池說不，並製作「完全沒有電池」的實驗用遊戲機！

無電池遊戲機？

這部實驗遊戲機的外型像一款舊的手提遊戲機，但供電及遊戲程式的運作原理卻大不相同。

主電源：

太陽能

在約4cm x 4cm的螢幕周圍及按鈕下方，都有一排太陽能板。只要天色不是太暗，太陽能板仍能從陽光轉化電能，提供大部分所需的電力。

次級電源：

手力

玩家每次按鍵都會提供能量，並轉化為電力！尤其是玩一些動作類的遊戲時，玩家頻繁按鍵加上太陽能板供電，就能為遊戲機即時供電，不用電池把電儲起來。

不過，光靠這兩種電源，遊戲機有時會斷電。

甚麼？要是我玩到一半時沒電，所有進度豈非化為烏有？

重點試驗技術：間歇式運算！

這個仍在研究階段的技術，正是無電池遊戲機的靈魂。它可令玩家的進度保存下來，不會因斷電而消失。

▶一般執行中的程式指令儲存在揮發式記憶體中，例如我們常聽到的RAM。一旦斷電就會消失，再次通電後程式須重開一次，斷電前忘記保存的進度也會一筆勾消。

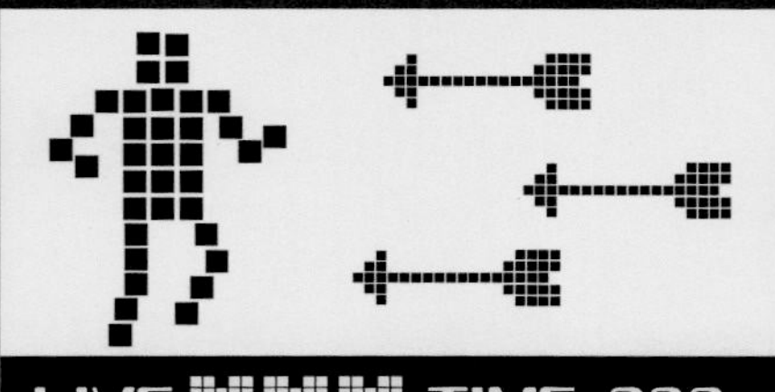

◀無電池遊戲機的程式則經特別設計，用電量很低，而且用永久記憶體儲存。斷電時遊戲程式維持在斷電一刻的狀態，待回復供電後就會立即繼續。

除了可親自駕駛太陽能＋鹽水車，我還從瓦特犬博士那裏學了不少太陽能和化學能的知識呢！

陳祈恩

給編輯部的話

初次寫信 希望刊登

鹽水+太陽能車 ~~能車~~，很好玩啊！不過，不知道為甚麼不可以用水，要用鹽水呢？兒科，我支持你！

因為純水本身不導電，所以要溶解鹽分令水中帶正負離子才可導電呢。溶解的鹽分愈多，導電性能愈好，但也使鹽水動力板內的金屬更快被侵蝕。

陳昊婕

給編輯部的話

初次寄信 希望刊登

我試了旋轉幾次幻變畫，非常有趣！但我看了一會兒也覺得很暈

兒科加油

我看這幅幻變畫也很易入迷，要提醒自己不要看太久。另外，我建議在睡前才看這幅畫呢。

陳采雯

給編輯部的話

我最喜歡的人物是小Q，因為他很聰明！

讀者(1-10)☆

希望刊登

聰　版

咦？我覺得畫得不錯～哈哈，這應該拿滿分啊！

羅睿青

給編輯部的話

我們有次去大澳觀看海豚卻看不到呢！

看不到的原因有很多，其中可能是因為大澳接近港珠澳大橋人工島，人工島施工時對海洋生態造成影響，使海豚不再以該處為家。也可能只是海豚剛巧不在而已。

龍湛聰

給編輯部的話

我很喜歡今期《科學Q&A》Mr.A在野外求生時是怎樣的？

早上覓食，下午修船，晚上跟一塊石頭聊天……幸好只花了數月！

余梓昊

給編輯部的話

希望刊登！

我覺得數學研究室很有趣，既可以看《大偵探福爾摩斯》的故事，又可以增長數學知識，可不可以把幾期的數學研究室集結成單行本，方便讀者閱讀？

兒科 福仔 加油！

我們會好好考慮這個建議，謝謝你的支持！

IQ挑戰站答案

Q1. 圖中的計數機開關按鈕壞了，根本不能啟動，因此不能輸入任何數字。

Q2. 會。

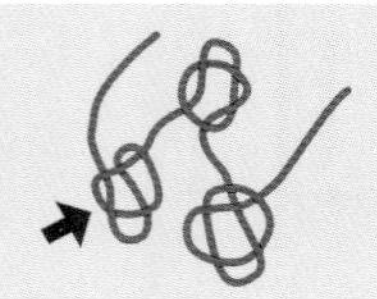

Q3. 第二名最低可得2分，最高可得4分。所以每回合所有人得分的總和最低是5+1+2=8分、最高是5+1+4=10分。

另外，每回合所有人的得分總和不會變，都是5+1+第二名得分。此總和乘以回合數，就是所有人的累積分數總和，即13+9+5=27分：

每回合所有人的得分總和 × 回合數 = 27

兩數相乘等於27的只可能是：1x27、3x9、9x3、27x1。

算式中只有1、3、9、27四個數字，由於每回合分數總和在8和10之間，所以可肯定是9分，而回合數就是3。

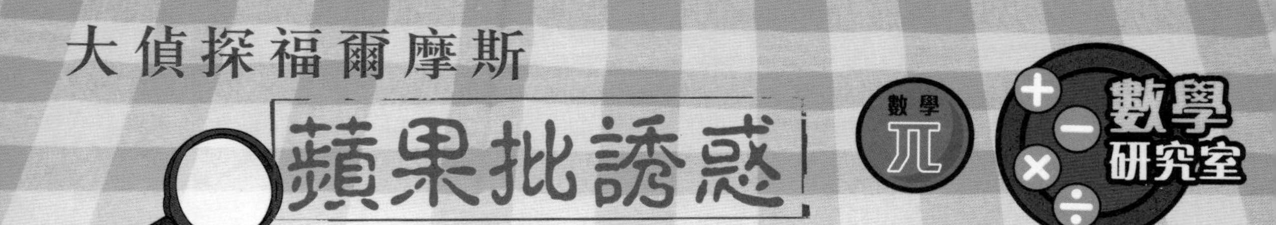

大偵探福爾摩斯
蘋果批誘惑
數學
兀
數學
研究室

豪華蘋果批
整個長6呎、闊4呎
分成108份
每份（8吋x4吋）
只售3先令

「這個也太誇張了吧……」福爾摩斯和華生不敢相信自己的眼睛。

只見麵包店門旁擺了一疊如小山般的蘋果批，那足足要兩張桌子才放得下，旁邊還放了一個紙牌，上面寫着價錢。

「好，華生，我們就買這個當下午茶吧！」大偵探興奮地道。

「但3先令好像有點貴呢。」華生想到這個價錢已可購買20多磅白麵包，足以讓一個成年人吃5天了。況且，老搭檔好像還未交租……

「聽說今天是最後一天推出巨形蘋果批了。」

「昨天這家店也有賣批，還沒到中午，108份就已全部賣光了。」

華生發現不少人圍着巨批七嘴八舌地討論，似乎大家都被那驚人的外形和誘人的**肉桂香氣**吸引過來了。

「一個蘋果批就賺得這麼多，真厲害。」福爾摩斯喃喃自語。

「甚麼賺得多？」華生**不明所以**。

「你算算看。」大偵探沒好氣地説，「昨天這間店的蘋果批賣了多少錢？」

「賣了108份……」華生心算着，「即是3先令乘以108份，等於……等於……」

「是324先令，即16鎊多啊。」福爾摩斯輕歎道，「唉，算得真慢！」

「你怎樣一下就算好了的？」華生雖有點不忿，但仍感到好奇。

「我只是利用了**乘法分配性質**而已。」

乘法分配性質？

首先我把108拆成兩個數。

108份 = 100份 + 8份

這樣算式就變成：

3先令 × 108份 = 3先令 ×（100份 + 8份）

此算式中的數字3，乘以括號內兩個相加的數字（100和8），我們可把3分別與100和8相乘，最後才相加。這就是乘法分配性質。

3先令 ×（100份 + 8份）

= 3先令 × 100份 + 3先令 × 8份

因100沒有零頭，較容易算出3x100=300。

這邊是個位數相乘，也可較快得出3x8=24。

300先令 + 24先令 = 324先令
就知道蘋果批共賣了324先令！

當然，直接心算 3 x 108 也可計出324啦，但進位時出錯的機會較大呢。

就算換成其他數字，仍可使用這技巧。

不論當中代入甚麼數字，兩道算式的答案都是一模一樣呢。

=

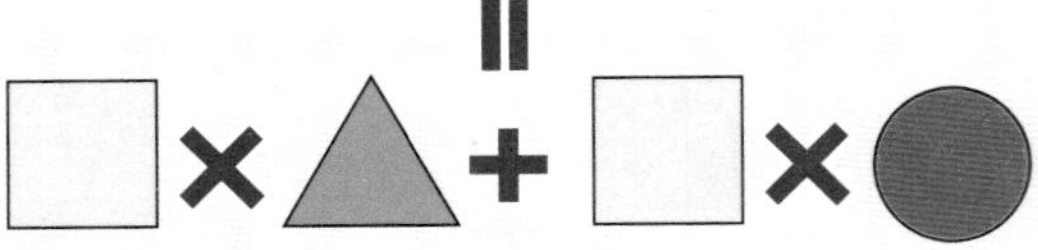

正當福爾摩斯仍興高采烈地談着「乘法分配性質」時，華生注意到蘋果批正不斷被人買走了。這時，他聽到有位客人提出一個古怪的建議。

「老闆，如果你切出一份2倍邊長的蘋果批，讓批的面積也變成2倍，我就付2倍價錢購買好嗎？」

「好！」店主爽快答應。

不過，正當他拿刀切批時卻忽然停下，說：「慢着，真的是2倍面積嗎？」

「將邊長變成2倍不就使面積也變成2倍，這麼**簡單**也不知道嗎？」對方**咄咄逼人**。

「咦？」華生心中也感到**奇怪**，但始終說不出所以然。

這時，一個低沉的笑聲從旁響起來。

「嘿嘿嘿，2倍？**吃糊塗**了嗎？」大偵探指着對方道，「不，是還未吃就已糊塗了，竟亂用乘法分配性質！」

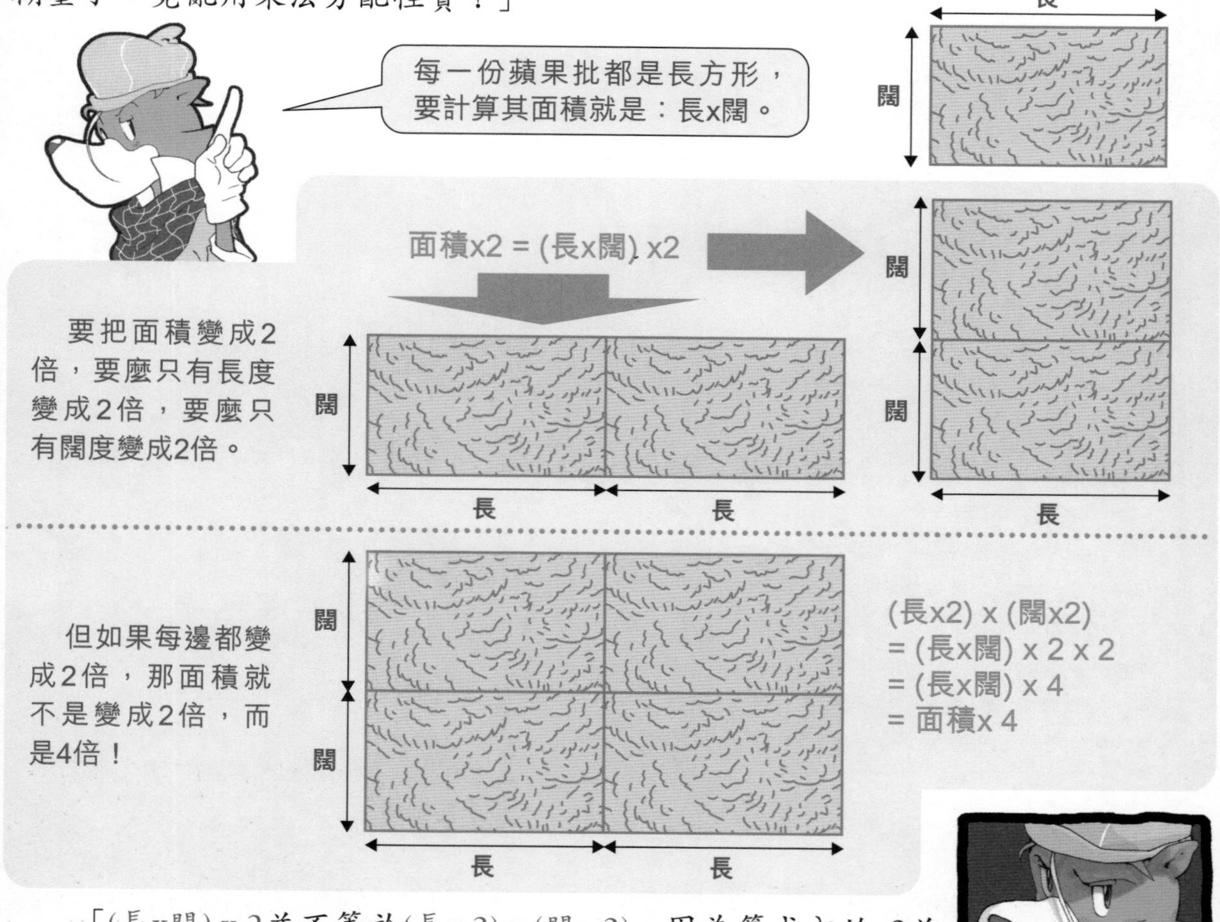

每一份蘋果批都是長方形，
要計算其面積就是：長x闊。
長
闊
面積x2 = (長x闊) x2
要把面積變成2倍，要麼只有長度變成2倍，要麼只有闊度變成2倍。
闊
長
長
闊
闊
長
但如果每邊都變成2倍，那面積就不是變成2倍，而是4倍！
闊
闊
長
長
(長x2) x (闊x2)
= (長x闊) x 2 x 2
= (長x闊) x 4
= 面積x 4

「(長x闊) x 2並不等於(長x 2) x (闊x 2)，因為算式內的x2並不能各自『分配』給長度和闊度呢！」福爾摩斯眼裏**寒光一閃**，向對方嚴厲地說，「你這樣說很易令人誤會你想混水摸魚，要小心啊。」

「甚……甚麼**混水摸魚**？別含血噴人！我……我的意思是說長度變2倍，闊度不變啦！」那人**氣急敗壞**地叫道，「算了！那種又酸又貴的臭批我才不要呢！」

說罷，他旋即轉身**落荒而逃**。

眾人見狀，紛紛為福爾摩斯鼓掌讚好。店主為了向大偵探道謝，就給他**買一送一**的優惠。

「好，回家吧。」華生替福爾摩斯拿着店主送的蘋果批，轉身離去。

「啊？你不買嗎？」福爾摩斯問。

「這份已夠我吃啊。」華生**咬了一口**手上的蘋果批說，「就當作平時墊支租金的部分**還款**吧。」

「怎可這樣，那是我的啊！」

「我已咬了一口呀！」

兩人一邊「爭奪」店主贈送的蘋果批，一邊踏上歸途。

躺着自轉的天王星

天王星位處遙遠的太陽系外圍，我們要借助土星的引力彈弓效應*來加速及節省燃料，以便更快到達天王星。

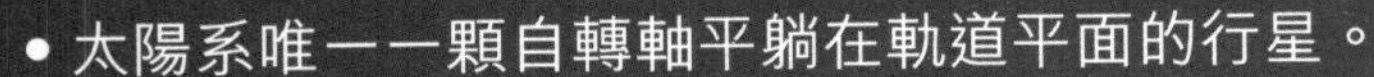

Photo credit: NASA

*有關引力彈弓效應，請參閱第171期的「天文教室」。

這就是天王星？表面一片淡藍綠色，甚麼也沒有啊！

是啊！其大氣層主要成分是氫、氦、甲烷和氨。甲烷吸收陽光中的紅光，並只反射藍綠光。

天王星知多少

- 太陽系唯一一顆自轉軸平躺在軌道平面的行星。
- 為冰質巨行星，內部主要由冰和岩石組成，溫度是太陽系之中最冷，低達-224°C。
- 直徑是地球的4倍，由內向外數排行第7。
- 已知擁有27顆衛星和由13個環組成的行星環系統。
- 一年（繞太陽一周）相等於地球的84年。
- 一天（自轉一周）相等於地球的17小時，跟金星一樣是逆向自轉，即太陽會西升東落。

天王星表面沉寂單調，這是因為南北半球正值盛夏或隆冬，大氣活動平靜，跟於1986年飛掠天王星的航行者2號所見相同。

▼其自轉軸橫躺，令南北半球極區各有42年面向太陽，或是42年不見太陽。

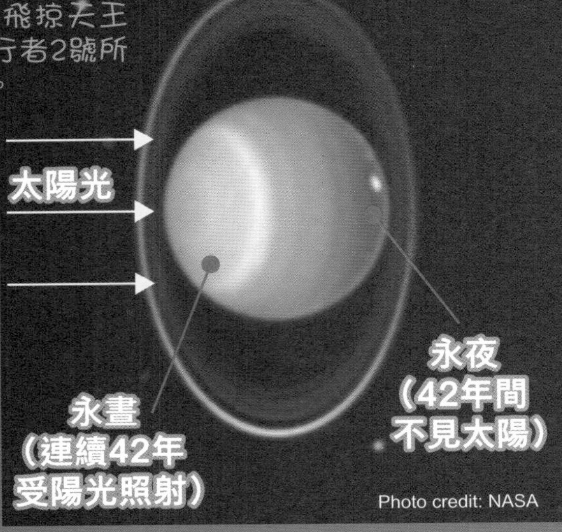

▲1988年哈勃太空望遠鏡用紅外線濾鏡所拍的天王星及其環。

▼2004年凱克天文台所拍攝的天王星。

Photo credit: Keck Obs.

天文學家發現當太陽直射天王星赤道（代表踏入春、秋季）時，其大氣變得活躍，會出現風暴及雲帶。

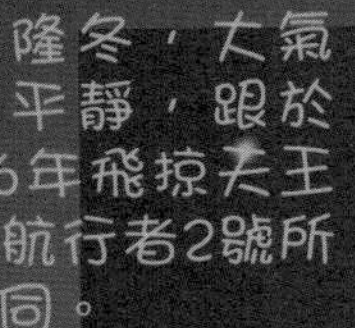

極端四季變化

當行星自轉軸與軌道平面有傾斜時，就形成四季。傾斜角度一般不大，如地球的是23.5°，但天王星卻是98°，故其自轉軸近乎橫躺，運行時像在軌道平面上滾動，使四季氣候變化極端。

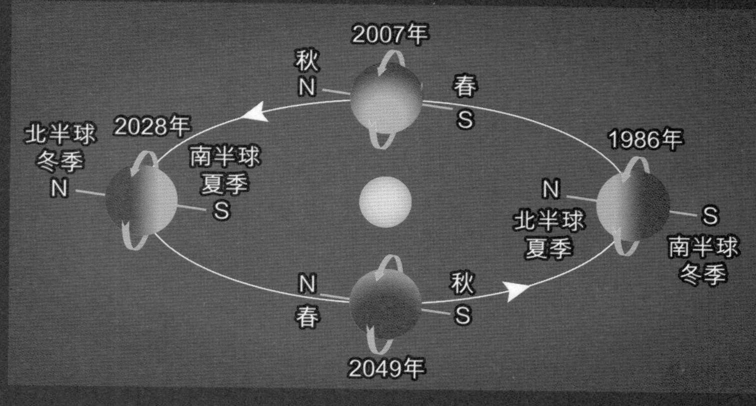

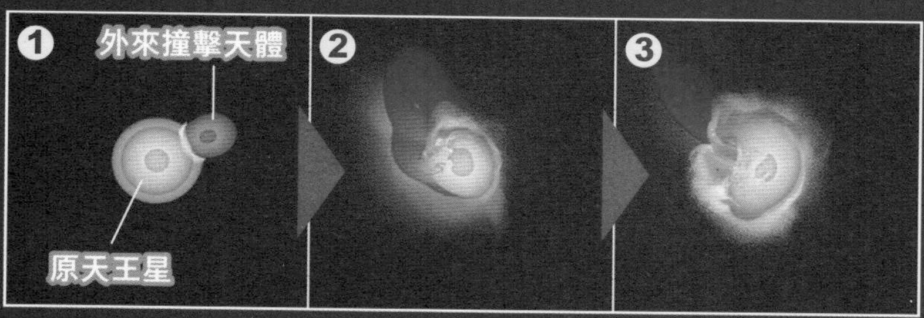

▲天文學家以電腦模擬天王星受撞擊後的結果，並與現時觀測的作對比。

Photo credit: Durham U

撞擊令自轉軸橫臥？

有天文學家推算天王星在形成初期被一顆地球般大的外來天體撞擊，才令其自轉軸橫臥。

天王星環及環內衛星

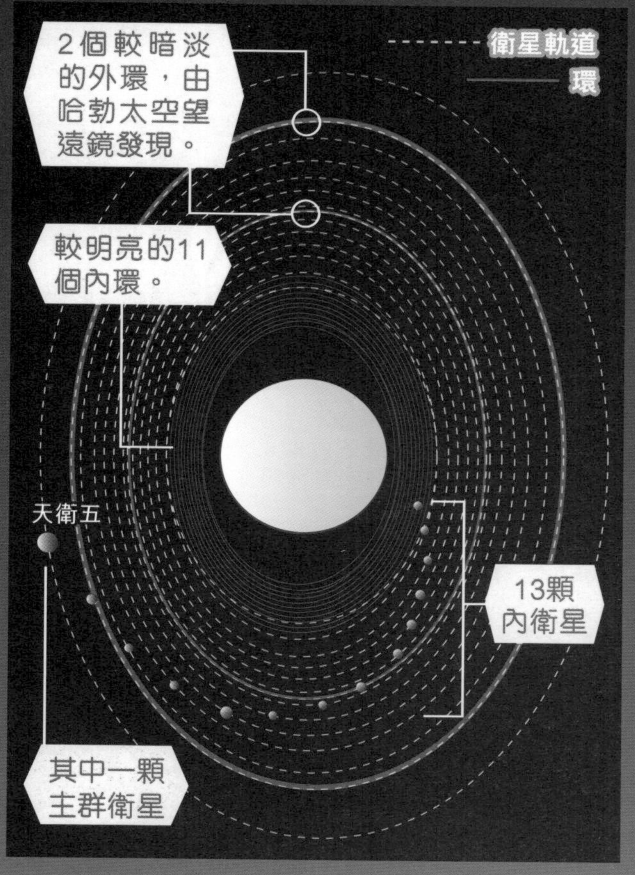

▲天王星的13個環由直徑小於10米的黑暗顆粒物質和塵埃組成，十分暗淡。

5大衛星

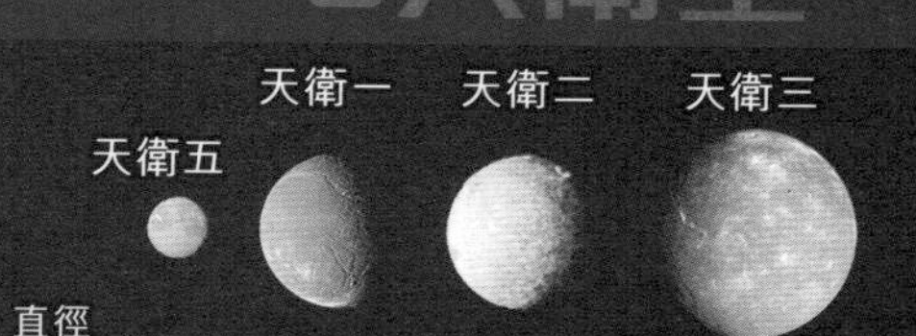

天王星的已知衛星有27顆，可分為三類：左圖的13顆內衛星、9顆形狀不規則的衛星和上圖的5顆球狀主群衛星。如上圖所示，天衛三是最大的主群衛星。

再見啦，天王星！我們要借助你的引力彈射去海王星！

植物

繼上次樹木話劇*大受歡迎後，劇團再接再厲，推出新一齣關於植物的劇目！

*請參閱第185期《地球探秘》。

吸引昆蟲授粉

植物會散發揮發性有機氣體來達到不同目的。

為了吸引昆蟲來傳播花粉，植物會發出帶有強烈香氣的揮發物。

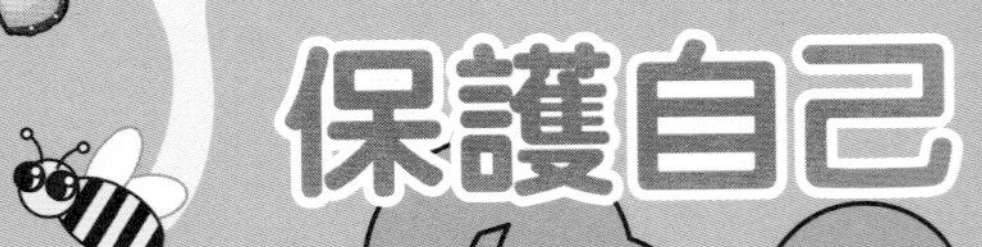

保護自己

某些植物會釋放芬多精。這氣體主要由不飽和碳氫化合物組成，帶有芳香味，能殺菌或抑壓黴菌生長。另外，它大多對人類有益，能放鬆及鎮靜情緒等。

當植物某部分受動物攻擊或被人修剪時，它們能如人的神經系統般傳送電子訊號，也會釋出化學氣體。

1 一塊葉片的汁液正被蚜蟲吸取，它快速散發氣體通知其他葉片。

2 其他葉片產生更多驅蟲化合物以提高防禦。

3 同種或近似的植物也能接收並解讀這些氣體，從而提高戒備。

受人喜愛的防禦化合物

不少能抗菌和殺蟲的天然化合物對人體損害很低，故能用作生產殺蟲藥，甚至製成調味料、香水及紅酒等。例如西蘭花和芥末以**硫代葡萄糖苷**趕走害蟲，其味道濃烈又苦澀，於是被用來製成芥末醬。

其他保護機制

▲樹葉表面有一層角質層，當中的蠟質可防止昆蟲和病菌侵擾，具保護作用。

生存攻略

植物除了能靠
真菌傳遞訊
息，也會用空
氣傳訊！

擊退外敵

除了提升自身防禦，植物亦會釋放氣體向其他物種求援。

當扁豆被二斑葉蟎吃掉葉子時，就會向二斑葉蟎的天敵智利小植綏蟎發出訊號，吸引它來吃掉二斑葉蟎。

有大餐吃！

救救我們！

西蘭花和椰菜會釋出一些吸引錐獵椿亞科昆蟲的氣體，這種昆蟲會吸毛蟲的血，令進食葉片的毛蟲死亡。

毛蟲，我來了！

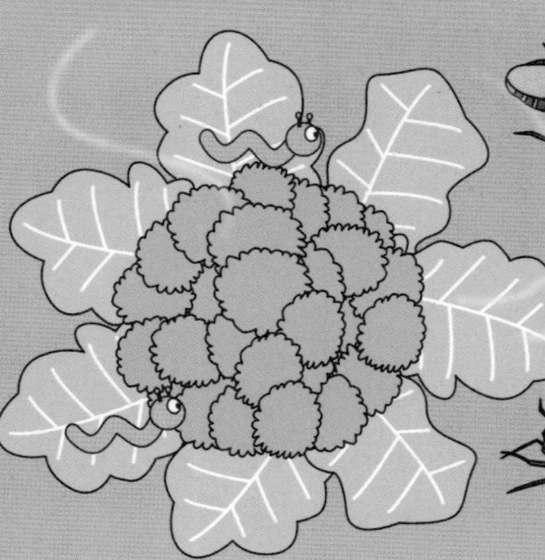

被毛蟲攻擊的棉花會向寄生蜂求援。寄生蜂會在毛蟲體內產卵，讓幼蟲寄生並吃掉宿主。

◀▲植物長出荊棘和尖刺去警告敵人，菠草、奇異果等更有微小尖銳的晶體，能刺傷敵人口部，從而注入毒素以傷害或殺死對方。

▼含羞草的葉片被觸碰時會合上，藉此嚇走敵人和令葉片看起來不好吃，減低被吃掉的機會。

▲植物的每個細胞都能獨立對抗入侵者，當某部分受到攻擊時，那裏的細胞能自我毀滅以降低整株植物受到的傷害。

《三國演義》中，張飛可以開着眼睡覺，現實中可以做到嗎？

香港中文大學
生物及化學系客席教授
曹宏威博士

劉卓霖　聖公會主恩小學　四年級

在大自然中，魚、蛇等沒有眼瞼的動物不能閉上眼休息，那就必定「撐開眼」睡覺了。海豚睡覺時會「隻眼開、隻眼閉」，只因牠熟睡時只有半邊腦真的在睡，另一邊是醒着的，否則就會忘卻浮上水面呼吸，所以那隻開着的眼，其功用就像公公婆婆掛在身上的「平安鐘」，根本沒有睡覺！真的睜着眼睡覺，在大自然界中的例子並不多。

至於人類在正常環境「主動」睜眼睡，雖非不可能，但實屬罕有反常。畢竟閉上眼才能隔絕光線或訊息刺激，並防止眼睛乾澀不適，因此閉眼睡覺已是人們與生俱來的生活程式。強行睜眼睡覺，恐怕只會落得失眠的下場，所以即使有新聞報道某地出現睜眼睡奇人，恐怕只是少數，大抵是疾病或損傷所致，而張飛也可能是以上原因而「只能」睜眼睡覺！

▶雖然仍未確實觀測過，但科學家估計信天翁邊飛行邊睡，因此睡覺時可能只有半邊腦休息！

為甚麼玻璃掉到地上後會爛？

譚綺紋　仁濟醫院羅陳楚思小學　五年級

因為你沒說明「玻璃多厚、掉了多高、掉在甚麼地上」，我只能用常理回答你的問題。理論上，無論是甚麼物件互撞（撞地也是兩物相撞），只要力度足夠，脆弱的一方便會被撞個粉碎。然而，會摔爛的又豈止玻璃？陶、瓷等堅硬物料也跟玻璃相似，容易破裂。

玻璃的主要成分是二氧化矽，晶體分子間的鍵結合力不強，相撞便會失位，故易摔爛。相反塑膠、木材等有纖維（聚合物）的分子都有碳共價鍵，組成長長的纖維，具彈性而不易摔破。

除了物料特性外，物料的形狀也把特性揭露出來。窗上的片狀玻璃戶戶都有，破裂了便很顯眼，無形中加強了我們對它脆弱的印象。各位，你以為「薄冰」不比玻璃脆嗎？要小心唷！

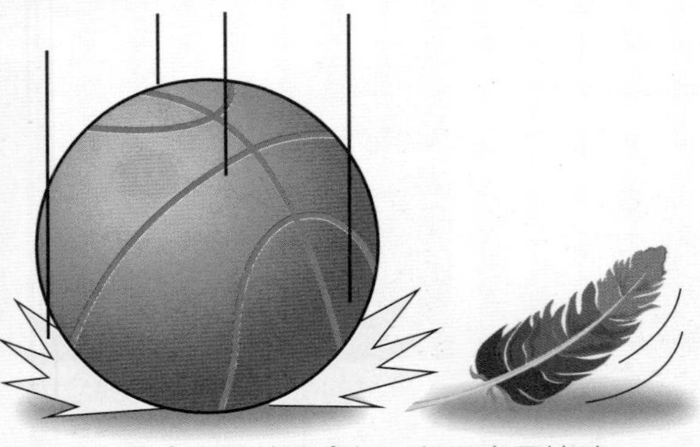

▲物件愈有彈性或愈輕，都不容易摔破。

為鼓勵讀者多思考多發問，編輯部將向被選中刊登問題的讀者寄出紀念品一份！

科學Q&A
第一百一十四話
有益的小室友
漫畫◎李少棠　上色協力◎周嘉詠　劇本◎《兒童的科學》創作組
砰！
我們衝吧！
嗚啊啊啊啊！
噠噠噠——
喂！
砰！

你們在
做甚麼？
砰
大剛聘請我
來他家滅蟲的！
滅甚麼蟲要
這麼誇張啊？
是蜘蛛！
是有害的
昆蟲啊！
你弄錯了
兩個地方
呀。
哎？
弄錯了？

首先，蜘蛛
並不是昆蟲。
不是昆蟲？

昆蟲與蜘蛛比較

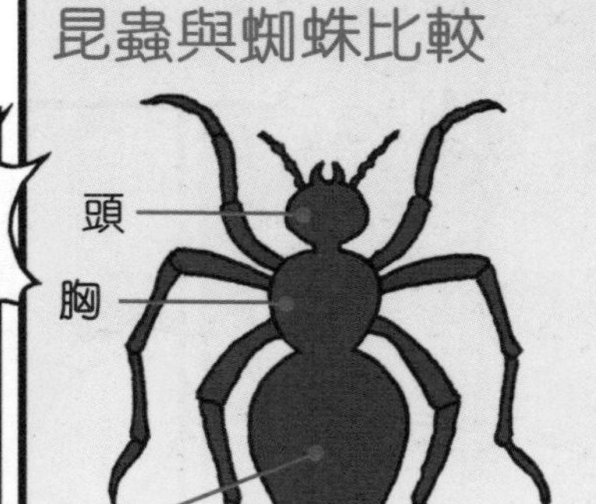
頭
胸
腹

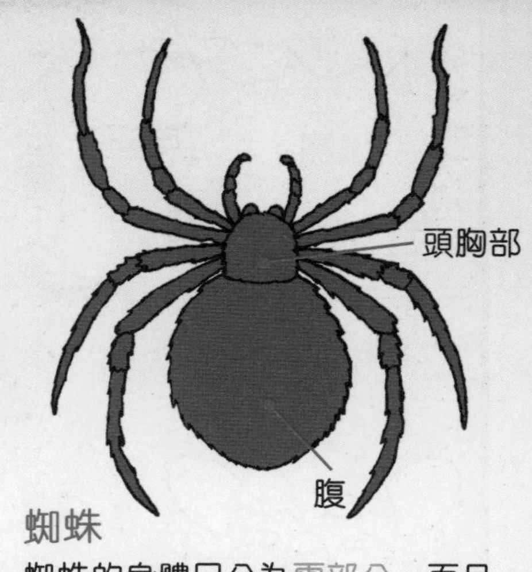
頭胸部
腹

昆蟲

基本上，昆蟲分為頭、胸、腹三部分，以及擁有六隻腳。

蜘蛛

蜘蛛的身體只分為兩部分，而且擁有八隻腳，完全不符合昆蟲定義。其實牠們屬於蜘蛛綱目，與昆蟲綱目同屬節肢動物。

原來如此！
上常識課時
有說過的呀，
你們都忘了嗎？
那第二個
錯處是甚麼？
那就是……
咦？

蜘蛛
出現了！

我來對付牠！

讓開！
哇！
砰
第二個錯處是
蜘蛛對我們有益的。
有益？
蜘蛛這麼可怕，
怎會有益？
讓你們親眼
看看吧。
叮
啊，真的
看到我們！
你給我們
看這些
幹甚麼？
看看牠的
行動吧。

好像有
其他東西
出現。
哇！
一瞬間就
捉住了蟑螂？
太強了！
嚓！
這是白額高腳蛛，
俗稱�，主要
棲息於人類住宅，
以捕食蟑螂等家居昆蟲
為生。
由於牠們的
捕殺獵物行為優先於進食，
所以消滅害蟲效率極高！
進食中……
白額高腳蛛
Heteropoda venatoria
全長：約10-13cm
但蜘蛛不是
有毒的嗎？
牠們到處爬
也不太清潔吧？

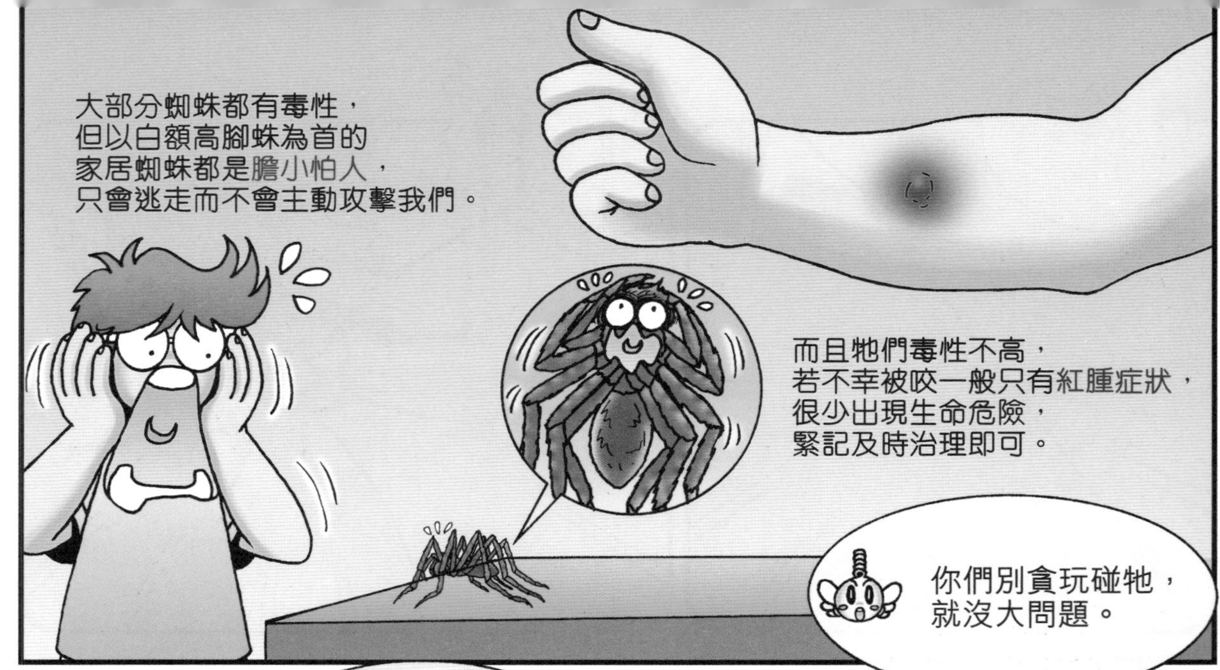
大部分蜘蛛都有毒性，
但以白額高腳蛛為首的
家居蜘蛛都是膽小怕人，
只會逃走而不會主動攻擊我們。
而且牠們毒性不高，
若不幸被咬一般只有紅腫症狀，
很少出現生命危險，
緊記及時治理即可。
你們別貪玩碰牠，
就沒大問題。

蜘蛛會先向
獵物注入有
消毒功能的
消化液……
把肌肉液化再喝下，
因此體內沒有甚麼
可怕的病原體。
啜啜……
牠們亦常用這些
消毒液清潔身體，
而且也不會主動
爬到食物上，
在衛生層面也
大可放心呢。

可是那些
蜘蛛網很
討厭啊。

雖然所有蜘蛛都懂得吐絲，
但很多都不會結網的。

香港有三種常見家居蜘蛛，只有一種會結網。
白額高腳蛛就是不會結網、主動攻擊獵物的品種。

蠅虎
身長只有數毫米的小型蜘蛛，跳躍力很強，會跳起捕食蒼蠅或蚊子。
其蛛絲主要用作救命索，以免從高處跳下時墮斃。
家幽靈蛛
體長約1厘米，家中的蜘蛛網大都是出於牠們之手。
蚊蟲被牠的網黏住，就會成為豐富的晚餐。
香港很少出現劇毒蜘蛛，但在外國牠們會捕食其他入侵屋內的毒蜘蛛，是家居的守護神！

是嗎？那我就安心了……

砰！

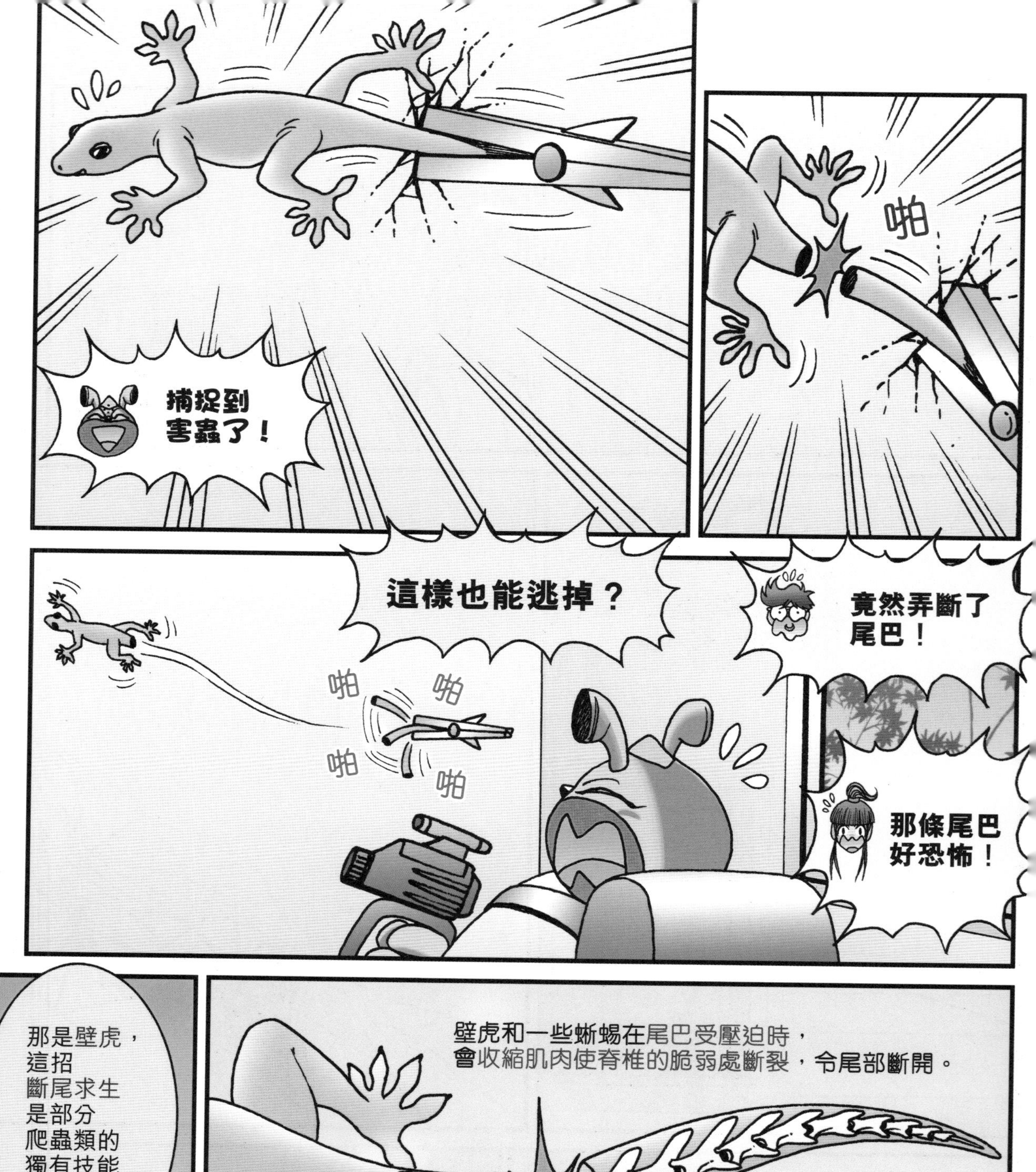

捕捉到
害蟲了！
啪
這樣也能逃掉？
竟然弄斷了
尾巴！
啪
啪
啪
啪
那條尾巴
好恐怖！

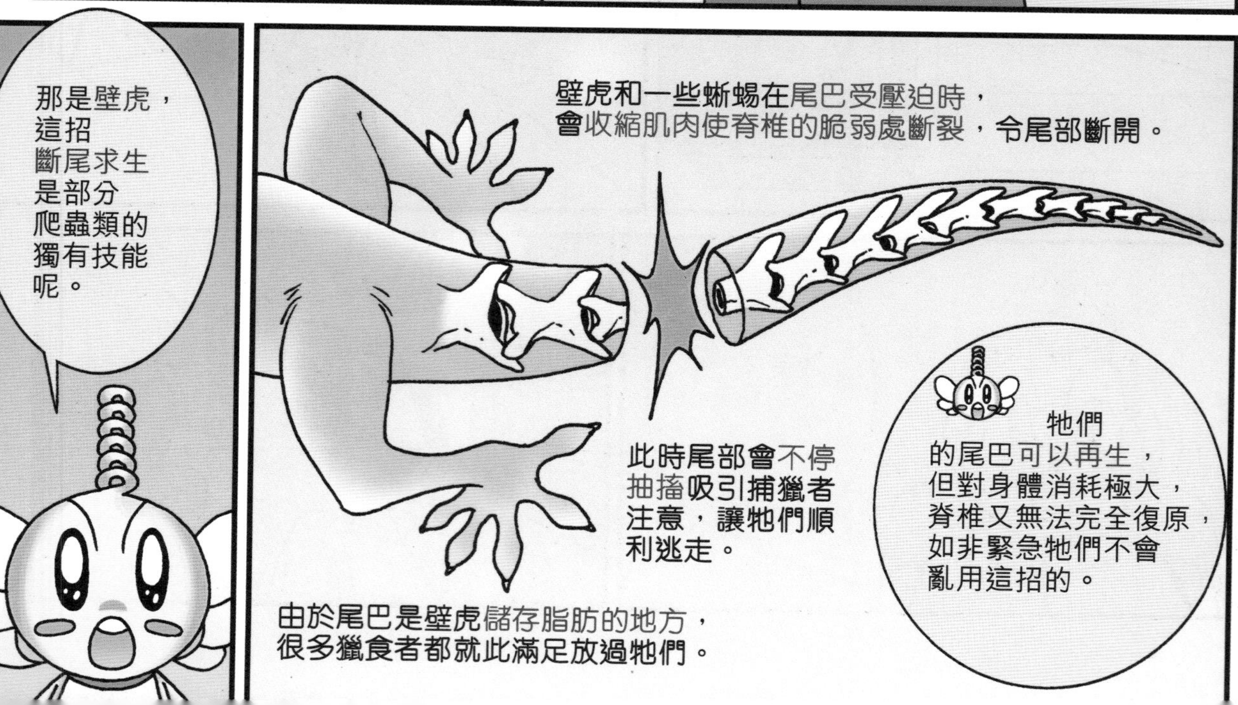

那是壁虎，
這招
斷尾求生
是部分
爬蟲類的
獨有技能
呢。
壁虎和一些蜥蜴在尾巴受壓迫時，
會收縮肌肉使脊椎的脆弱處斷裂，令尾部斷開。
此時尾部會不停
抽搐吸引捕獵者
注意，讓牠們順
利逃走。
由於尾巴是壁虎儲存脂肪的地方，
很多獵食者都就此滿足放過牠們。
牠們
的尾巴可以再生，
但對身體消耗極大，
脊椎又無法完全復原，
如非緊急牠們不會
亂用這招的。

香港家居
出現的壁虎大多為
原尾蜥虎。
牠們愛吃害蟲，
特別是蟑螂卵，
能夠大幅壓制
蟑螂的繁殖呢。
然而壁虎
到處留下大便，
的確較令人困擾。
這些動物把
吃剩的東西
遺在角落也
很煩人啊！
清理家中
角落的話，
我們也有個
好幫手。
嚼嚼…
螞蟻會把食物
搬進巢穴，有助一些
無法打掃的地方
保持清潔呢。
牠們的社會性很強，
其巢穴更設有「廁所」
儲存排泄物，對環境
整潔度影響有限。
不過螞蟻會
主動爬到食物上，
令食物受細菌
污染，可說
好壞參半。
所以你們
緊記要蓋好食物，
避免被昆蟲接觸。
有……
有怪物呀！

你看到的是
這隻蚰蜒吧。
蚰蜒（音：由延）的成蟲有15對腳及一對觸角，是蜈蚣的近親。但比起大多數沒有眼睛的蜈蚣，蚰蜒卻擁有視力極佳的複眼。
因為喜愛捕食衣魚、蟑螂等害蟲，所以也常見於家中。
不過蚰蜒有輕微毒性，遇到牠們就要小心被咬啊。
這隻又益蟲，那隻又益蟲……
哪來這麼多益蟲，我要大開殺界呀！
其實生物有益還是有害，並沒有明確定義，也會隨着不同環境而改變。
然而有不少人會被其外貌嚇怕，從這角度來說又可視牠們為有害生物。
剛才介紹的小動物都是家居害蟲的天敵，這點可說對我們有益。
利用生物來清除有害物的方法，稱為生物防治。

多種素食性昆蟲
如蚜蟲、蝗蟲、一些蝴蝶幼蟲
等都會吃掉農作物。

農夫會引入肉食性昆蟲
如七星瓢蟲、花虻、寄生蜂等
把害蟲吃掉，減少損失。

這方法不含
化學成分，
不會影響
自然環境呢。

還有一些生物，
在不同時期或不同環境下
會改變身份啊。

菜粉蝶是幫助傳播花粉的益蟲，
但牠的幼蟲卻是專吃蔬菜的害蟲。

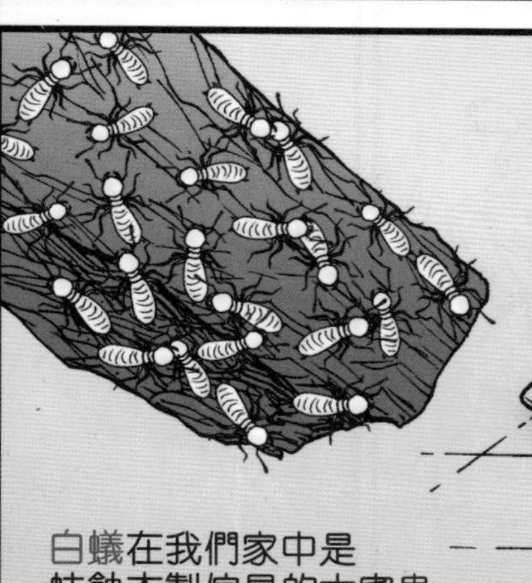

白蟻在我們家中是
蛀蝕木製傢具的大害蟲，
可是在大自然中，
牠們扮演着木材分解者
的重要角色。

順帶一提，
白蟻其實屬於蜚蠊類，
即蟑螂的近親，
不是螞蟻啊。

不過那些東西
實在太嚇人，
有辦法趕走
牠們嗎？

這些動物入住是因為有食物，
只要我們保持家居清潔，沒有
害蟲為食牠們自然會離開了。

但並非有害蟲出沒
就一定引來益蟲，
有人更會
直接購買
牠們回家
當天然
殺蟲劑
呢。
這樣也
有人買？
！

小蜘蛛！
出來啊！
轟
小蜘蛛！
你在哪裏~~
砰
找到你了！
這次肯定能
賣錢……
嗖——
Mr.A！
你這隻
「家居害蟲」！
快賠錢呀！
不賠就
噴你！
~完~

訂閱小學生必讀的知識月刊！

STEM 科學月刊
每月 1 日出版

跨學科教育月刊
每月 15 日出版

翻到後頁填寫訂閱表格

兒童的科學 訂戶換領店選擇

書報店

九龍區		店鋪代號
新城	匯景廣場 401C 四樓（面對百佳）	B002KL
偉華行	美孚四期 9 號舖（滙豐側）	B004KL

新界區		店鋪代號
永發	荔景村荔景樓街市 39 號	B008NT

OK便利店

香港區	店鋪代號
西環德輔道西 333 及 335 號地下連閣樓	284
西環般咸道 13-15 號金寧大廈地下 A 號舖	544
干諾道西 82- 87 號及修打蘭街 21-27 號海景大廈地下 D 及 H 號舖	413
西營盤德輔道西 232 號地下	433
上環德輔道中 323 號西港城地下 11,12 及 13 號舖	246
中環閣麟街 10 至 16 號致發大廈地下 1 號舖及天井	188
中環民光街 11 號 3 號碼頭 A,B & C 舖	229
金鐘花園道 3 號萬國寶通廣場地下 1 號舖	234
灣仔軒尼詩道 38 號地下	001
灣仔軒尼詩道 145 號安康大廈 3 號地下	056
灣仔灣仔道 89 號地下	357
灣仔駱克道 146 號地下 A 號舖	388
銅鑼灣駱克道 414, 418-430 號德德大廈地下 2 號舖	291
銅鑼灣堅拿道東 5 號地下連閣樓	521
天后英皇道 14 號僑興大廈地下 H 號舖	410
天后地鐵站 TIH2 號舖	319
炮台山英皇道 193-209 號英皇中心地下 25-27 號舖	289
北角七姊妹道 2,4,6,8 及 8A, 昌苑大廈地下 4 號舖	196
北角電器道 233 號城市花園 1, 2 及 3 座平台地下 5 號舖	237
北角堡壘街 22 號地下	321
鰂魚涌海光街 13-15 號海光苑地下 16 號舖	348
太古康山花園第一座地下 H1 及 H2	039
西灣河筲箕灣道 388-414 號逸濤灣大廈地下 H1 號舖	376
筲箕灣愛東商場地下 14 號舖	189
筲箕灣道 106-108 號地下 B 舖	201
杏花邨地鐵站 HFC 5 及 6 號舖	342
柴灣興華邨和興樓 209-210 號	032
柴灣地鐵站 CHW12 號舖 (C 出口)	300
柴灣小西灣道 28 號藍灣半島地下 18 號舖	199
柴灣小西灣邨小西灣商場四樓 401 號舖	166
柴灣小西灣商場地下 6A 號舖	390
柴灣康翠臺商場 L5 樓 3A 號舖及部份 3B 號舖	304
香港仔中心第五期地下 7 號舖	163
香港仔石排灣道 81 號兆輝大廈地下 3 及 4 號舖	336
香港華富商業中心 7 號地下	013
跑馬地黃泥涌道 21-23 號浩利大廈地下 B 號舖	349
鴨脷洲海怡路 18A 號海怡廣場（東翼）地下 G02 號舖	382
薄扶林置富南區廣場 5 樓 503 號舖 "7-8 號檔"	264

九龍區	店鋪代號
九龍碧街 50 及 52 號地下	381
大角咀港灣豪庭地下 G10 號舖	247
深水埗桂林街 42-44 號地下 E 舖	180
深水埗富昌商場地下 18 號舖	228
長沙灣蘇屋邨蘇屋商場地下 G04 號舖	569
長沙灣道 800 號香港紗廠工業大廈一及二期地下	241
長沙灣道 868 號利豐中心地下	160
長沙灣長發街 13 及 13 號 A 地下	314
荔枝角道 833 號昇悅商場一樓 126 號舖	411
荔枝角地鐵站 LCK12 號舖	320
紅磡家維邨家義樓店號 3 及 4 號	079
紅磡機利士路 669 號昌盛金舖大廈地下	094
紅磡馬頭圍道 37-39 號紅磡商業廣場地下 43-44 號	124
紅磡鶴園街 2G 號恆豐工業大廈第一期地下 CD1 號	261
紅磡愛景街 8 號海濱南岸 1 樓商場 3A 號舖	435
馬頭圍道 450 號及天光道 50 號悅輝大廈地下 A 及 B 舖	290
馬頭圍村洋葵樓地下 111 號	365
馬頭圍新碼頭街 38 號翔龍灣廣場地下 G06 舖	407
土瓜灣土瓜灣道 273 號地下	131
九龍城衙前圍道 47 號地下 C 單位	386
尖沙咀寶勒巷 1 號玫瑰大廈地下 A 及 B 號舖	169
尖沙咀科學館道 14 號新文華中心地下 50-53&55 舖	209
尖沙咀尖東站 3 號舖	269
佐敦佐敦道 34 號道興樓地下	451
佐敦地鐵站 JOR10 及 11 號舖	297
佐敦寶靈街 20 號寶靈大樓地下 A，B 及 C 舖	303
佐敦佐敦道 9-11 號高基大廈地下 4 號舖	438
油麻地文明里 4-6 號地下 2 號舖	316
油麻地上海街 433 號興華中心地下 6 號舖	417
旺角水渠道 22,24,28 號安豪樓地下 A 舖	177
旺角西海泓道富榮花園地下 32-33 號舖	182
旺角弼街 43 號地下及閣樓	208
旺角亞皆老街 88 至 96 號利豐大樓地下 C 舖	245
旺角登打士街 43P-43S 號鴻輝大廈地下 8 號舖	343
旺角洗衣街 92 號地下	419
旺角豉油街 15 號萬利商業大廈地下 1 號舖	446
太子道西 96-100 號地下 C 及 D 舖	268
石硤尾南山邨南山商場大廈地下	098
樂富中心 LG6(橫頭磡南路)	027
樂富港鐵站 LOF6 號舖	409
新蒲崗寧遠街 10-20 號渣打銀行大廈地下 E 號	353
黃大仙盈福苑停車場大樓地下 1 號舖	181
黃大仙竹園邨竹園商場 11 號舖	081
黃大仙龍蟠苑龍蟠商場中心 101 號舖	100
黃大仙地鐵站 WTS 12 號舖	274
慈雲山慈正邨慈正商場 1 平台 1 號舖	140
慈雲山慈正邨慈正商場 2 期地下 2 號舖	183
鑽石山富山邨富信樓 3C 地下	012
彩虹地鐵站 CHH18 及 19 號舖	259
彩虹村金碧樓地下	097
九龍灣德福商場 1 期 P40 號舖	198
九龍灣宏開道 18 號德福大廈 1 樓 3C 舖	215
九龍灣常悅道 13 號瑞興中心地下 A	395
牛頭角淘大花園第一期商場 27-30 號	026
牛頭角彩德商場地下 G04 號舖	428
牛頭角彩盈邨彩盈坊 3 號舖	366
觀塘翠屏商場地下 6 號舖	078
觀塘秀茂坪十五期停車場大廈地下 1 號舖	191
觀塘協和街 101 號地下 H 舖	242
觀塘秀茂坪寶達邨寶達商場二樓 205 號舖	218
觀塘物華街 45 號華安大樓地下 2 號舖	474
觀塘牛頭角道 305-325 及 325A 號觀塘立成大廈地下 K 號	399
藍田茶果嶺道 93 號麗港城中城地下 25 及 26B 號舖	338
藍田匯景道 8 號匯景花園 2D 舖	385
油塘高俊苑停車場大廈 1 號舖	128
油塘邨鯉魚門廣場地下 1 號舖	231
油塘油麗商場 7 號舖	430

新界區	店鋪代號
屯門友愛村 H.A.N.D.S 商場地下 S114-S115 號	016
屯門置樂花園商場地下 129 號	114
屯門大興村商場 1 樓 54 號	043
屯門山景邨商場 122 號地下	050
屯門美樂花園商場 81-82 號地下	051
屯門青翠徑南光樓高層地下 D	069
屯門建生邨商場 102 號舖	083
屯門翠寧花園地下 12-13 號舖	104
屯門悅湖商場 53-57 及 81-85 號舖	109
屯門寶怡花園 23-23A 舖地下	111
屯門富泰商場地下 6 號舖	187
屯門屯利街 1 號華都花園第三層 2B-03 號舖	236
屯門海珠路 2 號海典軒地下 16-17 號舖	279
屯門啟發徑，德政圍，柏苑地下 2 號舖	292
屯門龍門路 45 號富健花園地下 87 號舖	299
屯門寶田商場地下 6 號舖	324
屯門良景商場 114 號舖	329
屯門蝴蝶村熟食市場 13-16 號	033
屯門兆康苑商場中心店號 104	060
天水圍天恩商場 109 及 110 號舖	288
天水圍天瑞路 9 號天瑞商場地下 L026 號舖	437
天水圍 Town Lot 28 號俊宏軒俊宏廣場地下 L30 號	337
元朗朗屏邨玉屏樓地下 1 號	023
元朗朗屏邨鏡屏樓 M009 號舖	330
元朗水邊圍邨康水樓地下 103-5 號	014
元朗谷亭街 1 號傑文樓地舖	105
元朗大棠路 11 號光華廣場地下 4 號舖	214
元朗青山道 218, 222 & 226-230 號富興大邨地下 A 舖	285
元朗又新街 7-25 號元新大廈地下 4 號及 11 號舖	325
元朗青山公路 49-63 號金豪大廈地下 E 號舖及閣樓	414
元朗青山公路 99-109 號元朗貿易中心地下 7 號舖	421
荃灣大窩口村商場 C9-10 號	037
荃灣中心第一期高層平台 C8,C10,C12	067
荃灣麗城花園第三期麗城商場地下 2 號	089
荃灣海壩街 18 號 (近福來村)	095
荃灣圓墩圍 59-61 號地下 A 舖	152
荃灣梨木樹村梨木樹商場 LG1 號舖	265
荃灣梨木樹村梨木樹商場 1 樓 102 號舖	266
荃灣德海街富利達中心地下 E 號舖	313
荃灣鹹田街 61 至 75 號石壁新村遊樂場 C 座地下 C6 號舖	356
荃灣青山道 185-187 號荃勝大廈地下 A2 舖	194
青衣港鐵站 TSY 306 號舖	402
青衣村一期停車場地下 6 號舖	064
青衣青華苑停車場地下舖	294
葵涌安蔭商場 1 號舖	107
葵涌石蔭東邨蔭興樓 1 及 2 號舖	143
葵涌邨第一期秋葵樓地下 6 號舖	156
葵涌盛芳街 15 號運芳樓地下 2 號舖	186
葵涌景荔徑 8 號盈暉家居城地下 G-04 號舖	219
葵涌貨櫃碼頭亞洲貨運大廈第三期 A 座 7 樓	116
葵涌華星街 1 至 7 號美華工業大廈地下	403
上水彩園邨彩華樓 301-2 號	018
粉嶺名都商場 2 樓 39A 號舖	275
粉嶺嘉福邨商場中心 6 號舖	127
粉嶺欣盛苑停車場大廈地下 1 號舖	278
粉嶺清河邨商場 46 號舖	341
大埔富亨邨富亨商場中心 23-24 號舖	084
大埔運頭塘邨商場 1 號店	086
大埔安邦路 9 號大埔超級城 E 區三樓 355A 號舖	255
大埔南運路 1-7 號富雅花園地下 4 號舖，10B-D 號舖	427
大埔墟大榮里 26 號地下	007
大圍火車站大堂 30 號舖	260
火炭禾寮坑路 2-16 號安盛工業大廈地下部份 B 地廠單位	276
沙田穗禾苑商場中心地下 G6 號	015
沙田乙明邨明耀樓地下 7-9 號	024
沙田新翠邨商場地下 6 號	035
沙田田心街 10-18 號雲疊花園地下 10A-C,19A	119
沙田小瀝源安平街 2 號利豐中心地下	211
沙田愉翠商場 1 樓 108 舖	221
沙田美田商場地下 1 號舖	310
沙田第一城中心 G1 號舖	233
馬鞍山耀安邨耀安商場店號 116	070
馬鞍山錦英苑商場中心低層地下 2 號	087
馬鞍山富安花園商場中心 22 號	048
馬鞍山頌安邨頌安商場 1 號舖	147
馬鞍山錦泰苑錦泰商場地下 2 號舖	179
馬鞍山烏溪沙火車站大堂 2 號舖	271
西貢海傍廣場金寶大廈地下 12 號舖	168
西貢西貢大廈地下 23 號舖	283
將軍澳翠琳購物中心店號 105	045
將軍澳欣明苑停車場大廈地下 1 號	076
將軍澳寶琳邨寶勤樓 110-2 號	055
將軍澳新都城中心三期都會豪庭商場 2 樓 209 號舖	280
將軍澳景林邨商場中心 6 號舖	502
將軍澳厚德邨商場 (西翼) 地下 G11 及 G12 號舖	352
將軍澳寶寧路 25 號富寧花園商場地下 10 及 11A 號舖	418
將軍澳明德邨明德商場 19 號舖	145
將軍澳尚德邨尚德商場地下 8 號舖	159
將軍澳唐德街將軍澳中心地下 B04 號舖	223
將軍澳彩明商場擴展部份二樓 244 號舖	251
將軍澳景嶺路 8 號都會駅商場地下 16 號舖	345
將軍澳景嶺路 8 號都會駅商場 2 樓 039 及 040 號舖	346
大嶼山東涌健東路 1 號映灣園映灣坊地面 1 號舖	295
長洲新興街 107 號地下	326
長洲海傍街 34-5 號地下及閣樓	065

兒童的科學 NO.186

請貼上
HK$2.0郵票
只供香港
讀者使用

香港柴灣祥利街9號
祥利工業大廈2樓A室
兒童的科學編輯部收

有科學疑問或有意見、
想參加開心禮物屋，
請填妥問卷，寄給我們！

▼請沿虛線向內摺

請在空格內「✔」出你的選擇。

我購買的版本為：01☐實踐教材版 02☐普通版

給編輯部的話

我的科學疑難/我的天文問題：

開心禮物屋： 我選擇的禮物編號

有關今期內容

Q1：今期主題：「仿生機械大探究」

03☐非常喜歡　04☐喜歡　05☐一般　06☐不喜歡　07☐非常不喜歡

Q2：今期教材：「機械蜘蛛」

08☐非常喜歡　09☐喜歡　10☐一般　11☐不喜歡　12☐非常不喜歡

Q3：你覺得今期「機械蜘蛛」的玩法容易嗎？

13☐很容易　14☐容易　15☐一般　16☐困難

17☐很困難（困難之處：＿＿＿＿＿＿＿＿）　18☐沒有教材

Q4：你有做今期的勞作和實驗嗎？

19☐萬聖節搗蛋糖果盒　20☐實驗1：牛奶上的幻彩表演

21☐實驗2：黑紙上的彩虹

請沿實線剪下

請沿實線剪下

問　卷

請以膠水封口

請以膠水封口

讀者檔案

姓名：	男 女	年齡：	班級：
就讀學校：			
居住地址：			
	聯絡電話：		

讀者意見

A 科學實踐專輯：神秘搜救事件
B 海豚哥哥自然教室：弧邊招潮蟹
C 科學DIY：萬聖節搗蛋糖果盒
D 科學實驗室：自製繽紛彩虹
E 生活放大鏡：一貼一撕便條紙
F 大偵探福爾摩斯科學鬥智短篇：芳香的殺意（3）
G IQ挑戰站
H 誰改變了世界：特立獨行的科學天才（下）——愛因斯坦
I 開心禮物屋
J 科技新知：無電池遊戲機
K 讀者天地
L 數學研究室：蘋果批誘惑
M 天文教室：躺着自轉的天王星
N 地球揭秘：植物生存攻略
O 曹博士信箱：《三國演義》中，張飛可以開着眼睡覺，現實中可以做到嗎？
P 科學Q&A：有益的小室友

＊請以英文代號回答**Q5**至**Q7**

Q5. 你最喜愛的專欄：
第 1 位 22________ 第 2 位 23________ 第 3 位 24________

Q6. 你最不感興趣的專欄： 25________ 原因：26________

Q7. 你最看不明白的專欄： 27________ 不明白之處：28________

Q8. 你從何處購買今期《兒童的科學》？
29☐訂閱 30☐書店 31☐報攤 32☐便利店 33☐網上書店
34☐其他：________

Q9. 你有瀏覽過我們網上書店的網頁www.rightman.net嗎？
35☐有 36☐沒有

Q10. 你在今學年有訂閱哪些書刊？
37☐兒童的科學 38☐兒童的學習 39☐良友之聲
40☐紅蘋果 41☐白羚羊
42☐其他：________